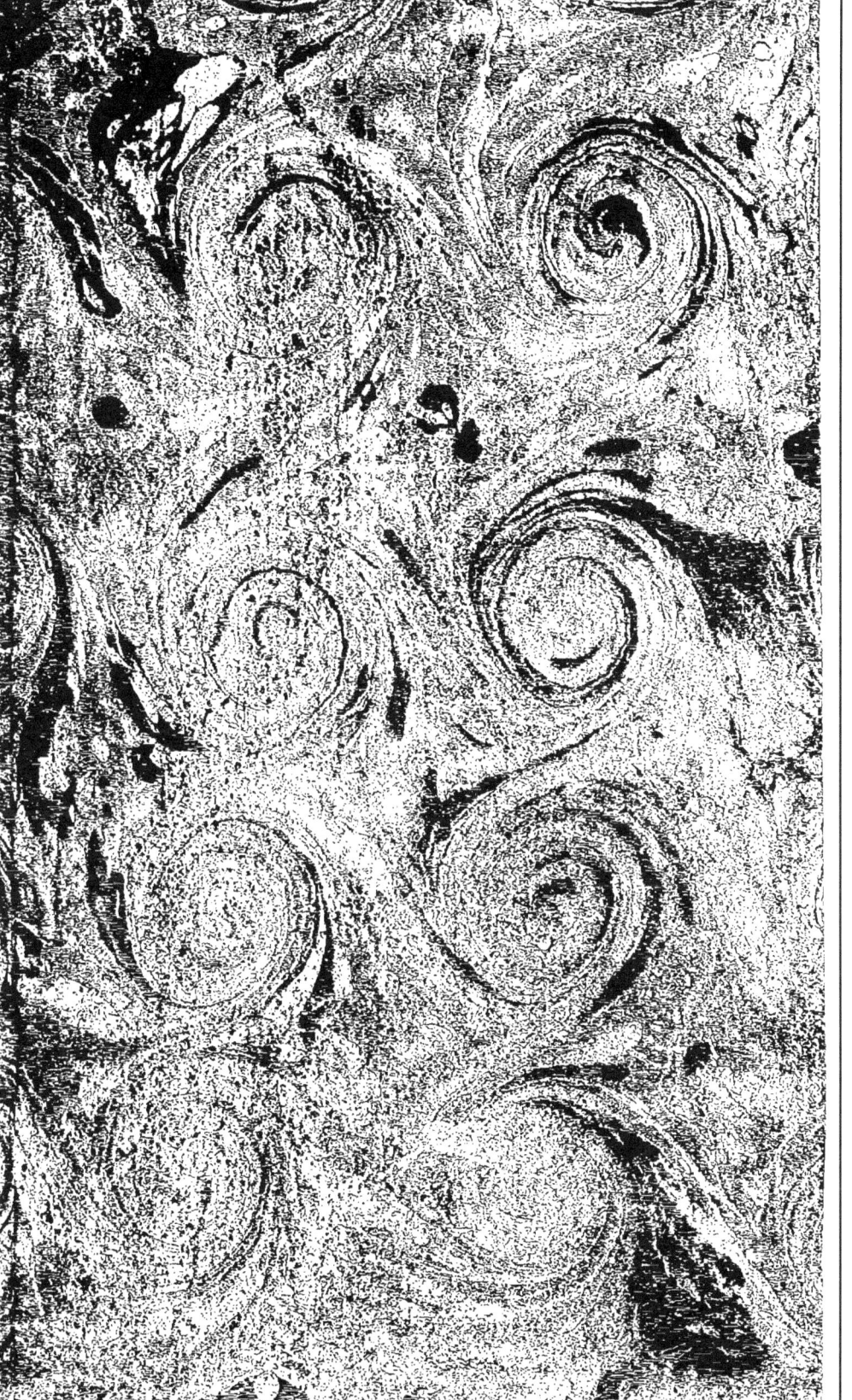

5136
SA

(Par Buc'hoz.)

Cat: de Lyon N.° 5305.

TRAITÉ
ÉCONOMIQUE
ET
PHYSIQUE
DES OISEAUX DE BASSE-COUR;

28.

TRAITÉ
ÉCONOMIQUE
ET
PHYSIQUE
DES OISEAUX DE BASSE-COUR,

Contenant la description de ces Oiseaux, la manière de les élever, de les multiplier, de les nourrir, de les traiter dans leurs maladies, & d'en tirer profit, tant pour nos alimens, que pour nos médicamens, & pour les différens Arts & Métiers.

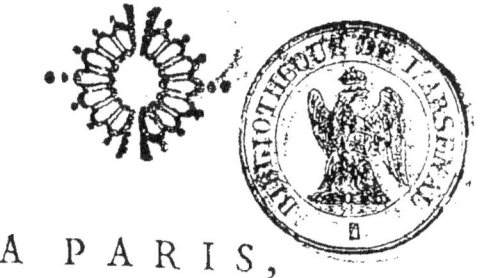

A PARIS,
Chez LACOMBE, Libraire, rue Christine, près la rue Dauphine.

M. DCC. LXXV.

Avec Approbation & Privilége du Roi.

PRÉFACE.

L'Ouvrage que nous offrons aujourd'hui au Public, est le premier en ce genre qui ait paru en France. Personne avant nous n'a publié un traité sur les oiseaux de basse-cour, si on excepte seulement le savant Réaumur, qui nous a donné deux traités; l'un en deux volumes, sous le titre de *l'Art de faire éclorre les Poulets*; & l'autre en un petit volume, sous celui de la *Pratique de cet Art*: mais ni l'un ni l'autre de ces deux traités n'embrasse tous les oiseaux qu'on élève dans les basses-cours; ils se réduisent à un seul genre de volaille, qui est le Coq & la Poule. Il est néanmoins vrai que quelques Auteurs ont parlé des autres oiseaux de basse-cour; mais ce qu'ils en ont dit, est, ou trop succinct, ou est noyé dans de nombreuses collections. Nous avons remédié par ce traité à l'un & à l'autre de ces inconvéniens. Nous présentons sous un même point de vue à nos Lecteurs, tout ce qui peut concerner la famille volatile qu'on élève communément dans les basses-cours; nous traitons en conséquence dans cet Ouvrage de dix sortes d'oiseaux; nous commençons par le Paon, comme étant l'ornement des basses-cours ; nous donnons la description de cet oiseau, son caractère, ses mœurs, son pays originaire, la façon dont il s'est naturalisé dans nos climats, la ponte de ses œufs, la nourriture qui lui convient, la manière de multiplier son espèce, d'élever les Paonnaux, la méthode usitée chez les habitans du Royaume de Cambaye, pour en faire la chasse, ses cris, les plantes qui lui sont favorables, celles qui lui sont nuisibles, les insectes qui le tourmentent, la sympathie qu'il a avec les Dindons, & enfin ses propriétés alimentaires, médicinales & économiques, parmi lesquelles nous plaçons le fameux remède anti-épileptique de Madame la Comtesse de Waldruk.

Nous passons de-là au Dindon, comme étant l'oiseau qui approche le plus du Paon, & qui tient en quelque façon le milieu entre celui-ci & le Coq; nous commençons d'abord par sa description, ainsi que c'est notre usage; nous rapportons son anatomie, sa patrie, ses variétés, ses différentes attitudes, son caractère, entr'autres, sa colère, ses cris, ce qui distingue sa femelle, la tendresse de la Poule d'inde pour ses petits, la lenteur de la marche de ces oiseaux, la méthode usitée

PRÉFACE.

chez les habitans de la Louisiane pour en faire la chasse, le choix qu'on doit faire d'un bon Coq-d'inde pour la multiplication de l'espèce, les batailles que se donnent entr'eux ces oiseaux mâles, leur accouplement, la qualité que doit avoir une bonne Poule-d'inde, la couleur de ses œufs, sa ponte, la façon d'élever les jeunes Dindons, les peines qu'ils donnent amplement dédommagées par le profit qu'on en tire, les avantages qu'on a de les élever par troupeaux ; les soins qu'on doit avoir pendant le temps de l'incubation, soit pour les œufs, soit pour les couveuses, & après l'incubation, lorsque les petits sont éclos ; la nourriture qui convient aux Dindonneaux, la façon de remédier à ces animaux, lorsque dans leur jeunesse ils se trouvent languissans ; la nécessité de les conduire à la campagne, quand ils sont parvenus à un certain âge ; les qualités que doit avoir celui qui est chargé de les conduire ; la méthode pour les chaponner, pour les engraisser ; les plantes qui leur sont pernicieuses & favorables ; les maladies auxquelles les dindons sont sujets, avec les remèdes qu'on y peut apporter ; l'amour de ces oiseaux pour les bois ; la façon de remplacer les Poules-d'inde couveuses par les Poules ordinaires, & réciproquement celle de remplacer les Poules ordinaires couveuses par les Poules-d'inde ; les propriétés économiques de ces oiseaux, les propriétés alimentaires ; enfin des observations médicinales.

Le troisième animal que nous considérons, & qui forme le troisième Chapitre de cet Ouvrage, est le Coq & la Poule : mais comme nous nous sommes très étendus sur cet oiseau, & que nous l'avons considéré sous tous les aspects ; nous avons été obligés de diviser ce Chapitre en six Articles différens. Dans le premier Article nous traitons du Coq, nous rapportons sa description, ses variétés, son chant, sa lubricité, le nombre des Poules auxquelles il peut suffire, son amitié pour elles, le choix qu'on doit faire pour donner de bons Coqs dans les basses-cours, & la façon de s'y prendre pour les présenter aux Poules, les batailles que les Coqs se donnent entre eux, la durée de leur vie, leur vue perçante, les prétendus œufs qu'on dit faussement qu'ils pondent, leurs monstruosités, les cornes que quelques-uns portent, la dissection de ces cornes, les propriétés alimentaires & médicinales de ces oiseaux.

Le second Article de ce Chapitre est destiné au Chapon; nous définissons d'abord

PRÉFACE. xiij

cet être singulier, & ce qu'on entend par Chapon Cocâtre ; nous indiquons ensuite la manière de chaponner, les accidens qui arrivent après cette opération, l'ancienneté de cette méthode, les changemens & les métamorphoses qui surviennent aux Coqs, après être chaponnés, la perte de leur voix, le mépris que la volaille a pour eux, la délicatesse qu'acquiert leur chair ; nous finissons, par la façon de les engraisser, & par leurs propriétés alimentaires ; nous en rapportons aussi les propriétés médicinales qui se terminent uniquement à sa graisse.

Le troisième Article est plus étendu, il s'y agit de la Poule ; nous exposons d'abord le caractère qui la distingue du Coq; nous en donnons les variétés, parmi lesquelles on considère principalement les Poules huppées, le pays natal de ces animaux, le choix qu'on en doit faire pour la multiplication de l'espèce, la façon de connoître les jeunes Poules, & la nécessité de se défaire des anciennes, le mécanisme de l'accouplement du Coq avec la Poule, les œufs inféconds qu'elles font lorsqu'elles ne communiquent pas avec le mâle, leur ponte, la construction de leur estomac, & comment s'y fait la digestion des organes propres à leur respiration, la description anatomique du tube inteſtinal de ces volatiles, le logement qui leur convient, connu ſous le nom de poulailler, la néceſſité de joindre de petits poulaillers au grand, & d'y placer des paniers pour ſervir de nids, l'uſage avantageux de planter un arbre auprès du poulailler, & d'y placer un fumier, la conſtruction d'une verminière, les avantages & déſavantages qui en peuvent réſulter, le nombre des Poules qu'on doit garder, l'heure de leur lever, de leur coucher, & de leur donner à manger, la nourriture qui leur convient, & celle qui leur eſt contraire, l'avantage de donner à manger aux Poules dès le matin, & dans le même endroit, la manière de recueillir leurs œufs, la nécessité de nettoyer & de parfumer leur habitation, la méthode pour les faire pondre en hiver, & les faire couver, la préparation de leurs nids, le choix qu'on doit faire des Poules qu'on veut faire couver, la saison la meilleure pour l'incubation, & les soins qu'on doit avoir des Poules pendant ce temps; les maladies auxquelles elles sont sujettes, avec le traitement qui convient; les différentes manières de les engraisser, & la façon de remédier à ces animaux, quand ils sont trop gras, & qu'en conséquence ils ne font plus d'œufs; les propriétés alimentaires des Poules, & des réflexions médicinales fur ces propriétés; les différens ufages qu'en fait la médecine, accompagnés de quelques formules; enfin les propriétés économiques de ces oifeaux.

Le quatrième Article eft très-peu étendu; la Poularde en fait l'objet. On explique dans cet Article ce qu'on entend par Poularde, & comment la femelle du Coq prend ce nom; on pratique fur les ovaires des Poules à-peu-près la même opération que fur les tefticules des Coqs; la chair de ces animaux devient par cette opération beaucoup plus délilite & fucculente.

Le cinquième Article concerne l'œuf ; nous donnons fa définition, fes différentes efpèces, l'anatomie de celui de la Poule, la cicatricule qui s'y trouve, fes principes chimiques, les accidens finguliers qu'on remarque fouvent dans ce genre de productions : nous expliquons ce qu'on entend par œufs de Coq, & ce d'après les difcuffions du célèbre M. de la Peyronie : nous indiquons les différentes méthodes qu'on employe pour pouvoir les conferver, la marque diftinctive pour connoître s'ils font frais, & les expériences qui ont été

PRÉFACE. xix

faites pour les rétablir lorsqu'ils ont été gâtés, la façon de les saler, usitée chez les Malages; nous nous permettons selon notre méthode ordinaire quelques réflexions médicinales; nous passons de là aux propriétés alimentaires des œufs pour les bestiaux, & à la façon dont on s'en sert pour engraisser les veaux; viennent ensuite les propriétés médicinales des œufs, qui sont sans nombre; tout le monde sait que les coquilles de l'œuf font partie du fameux remède de Mlle Stephens : nous rapportons entr'autres neuf formules médicinales, dans lesquelles on les fait entrer, & douze formules vétérinaires ; nous finissons enfin cet Article par les usages économiques des œufs, on s'en sert pour enlever les taches des habits, pour faire de l'encre portative, pour recoller les vases cassés, &c.

Le sixième Article est le plus intéressant ; nous y traitons des Poulets, & de la manière de les élever : nous les examinons dès l'instant même de leur formation ; nous rapportons tout leur développement successif pendant le temps de l'incubation ; nous indiquons la situation de la cicatricule, où se trouvent tous les rudimens de leur existence ; nous rendons raison, pourquoi le Poulet ne se trouve jamais renversé dans son œuf; nous faisons voir comment il s'y nourrit, & comment il fait pour en sortir, quelle situation il y garde dans les différens temps de l'incubation, combien sa tête est grosse à proportion du reste du corps; nous expliquons ce qu'on entend par œufs becquetés, & comment cela peut être occasionné par les premiers coups de bec du Poulet; pourquoi les Poulets varient-ils entr'eux pour le temps de leur sortie de l'œuf; quels sont les dangers qui en résultent lorsqu'ils sortent trop tôt, & quels obstacles ils ont à vaincre; nous passons de-là aux abus qui résultent de tremper les œufs dans l'eau chaude quand ils sont prêts à être becquetés, pour en venir ensuite à la description du Poulet lorsqu'il sort de l'œuf; après tous ces préliminaires physiques, nous entrons dans les détails économiques: nous exposons d'abord le choix qu'il faut faire des œufs qu'on veut faire couver; il est de fait que ceux qui sont récemment pondus sont les meilleurs; il y a une méthode d'essayer s'ils sont bons pour l'incubation, nous l'indiquons ici; nous relevons en même temps la plupart des préjugés qui se sont établis parmi les gens de campagne, au sujet du temps de l'incubation & d'autres futilités ; nous indiquons le nombre d'œufs qu'il faut pour chaque Poule, la méthode qu'on peut employer pour se procurer des Poulets pendant l'hiver, le logement qui convient, tant pour la Poule, que pour ses Poussins, la construction de son nid, & la nécessité de le nettoyer & de le parfumer : nous répétons ici un peu plus au long ce que nous n'avons fait qu'ébaucher à l'Article de la Poule : nous entrons dans des détails sur les précautions à prendre pendant le temps de l'incubation : nous parlons des Poules couveuses impatientes, gourmandes, &c.

& nous exposons les moyens qu'on peut employer pour y remédier ; nous détaillons ensuite les soins qu'il faut avoir lorsque les Poulets sont prêts à être éclos, comment on doit mirer quelque-temps auparavant les œufs ; après quoi nous rapportons les soins qu'on doit se donner lorsque les Poulets sont éclos, la nécessité de les laisser sous leur mère pendant un jour, sans leur donner à manger ; la nourriture qui leur convient, un procédé nouveau pour leur faire prendre en peu de temps tout leur accroissement, la sollicitude de la Poule pour eux, la façon économique de donner trois couvées de

PRÉFACE.

de Poulets à conduire à une seule Poule, la méthode de se servir des Chapons pour cet usage, l'utilité qu'on peut retirer des Poules-d'inde pour la multiplication des Poulets, la méthode artificielle usitée en Egypte pour les faire éclorre, celle de M. de Réaumur & de quelques Modernes; toute chaleur est bonne pour cet effet, même celle de l'homme, pourvu qu'elle soit au même degré que celle de la Poule, ce qu'on peut connoître par le moyen d'un thermomètre; il est cependant à observer que la chaleur moindre n'est pas si nuisible à l'incubation que la chaleur trop forte; l'humidité lui est aussi très contraire, aussi c'est à quoi nous avons dit qu'il falloit obvier dans la construction des fours qu'on destine à cet effet, & dont nous rapportons la description : on peut aussi employer au même usage les fours de Boulangers, Pâtissiers, &c. Mais ce n'est pas assez d'avoir indiqué la méthode artificielle de faire éclorre les Poulets, il leur faut une mère pour les conduire, lorsqu'ils sont nés, c'est à quoi M. de Réaumur a pourvu en inventant une mère artificielle ; nous entrons dans ce détail, d'après ce savant Académicien, & d'après les extraits qu'en a donnés le Naturaliste François, M. de Buffon ; nous donnons

PRÉFACE. xxvij

donc ici la description d'une étuve, d'une poussinière, enfin d'une mère artificielle; les propriétés alimentaires, suivant notre plan, doivent suivre tous ces détails; nous finissons enfin par les propriétés médicinales: on sait que l'eau de Poulets, si usitée en médecine, doit nécessairement y figurer; nous y rapportons un remède expérimenté par le Docteur Seguer pour la lienterie.

Tels sont tous les Articles qui composent le troisième Chapitre de cet Ouvrage, & qui conséquemment est de tous le plus étendu; le suivant n'est pas à beaucoup près aussi utile, puisqu'on n'y traite que d'un oiseau qui a bien de la peine s'accréditer parmi nous, c'est la Pintade ; nous en donnons d'abord, comme il est d'ordinaire, la description, le caractère, la chasse qu'on en fait dans son pays natal, le lieu de son habitation, le respect qu'ont pour eux les oiseaux de proie, la multiplicité & la couleur de ses œufs, & ses propriétés alimentaires.

La Faisan forme la matière du cinquième Chapitre. L'éducation de cet oiseau est réservé aux grands, nous en rapportons dans ce Chapitre la description, le lieu de sa naissance, le choix qu'on doit faire des Faisandes pour la ponte,

PRÉFACE. xxix
le nombre qu'il en faut donner à chaque mâle, l'enclos qui leur est propre, la nourriture qui leur convient; la méthode expérimentée de faire couver les œufs de Faisandes par les Poules ordinaires, la construction de la butte pour mettre les Faisandeaux quand ils sont éclos, & son mécanisme, la nourriture qui leur convient pendant les premiers jours de leur naissance, & les soins qu'on en doit pour lors prendre; leur nourriture jusqu'au temps des moissons; la façon usitée pour en peupler les bois, lorsqu'ils sont assez forts; la manière de leur couper les ailes pour les empêcher de s'éloi-

gner de l'endroit où on les a mis, les soins à prendre d'eux pendant le mois de Juillet, les maladies auxquelles ils sont sujets, & le traitement qu'on peut employer dans ces maladies ; la chasse qu'on en fait, & les appas qu'on leur présente pour les attirer dans les filets, enfin le caractère de ces oiseaux ; leurs propriétés alimentaires & médicinales ne sont pas non plus négligées.

Le sixième Chapitre traite des Outardes; on y lit leur description, leur habitude, leur caractère, la nourriture qui leur convient, leur patrie, la manière de les élever dans les basses-cours, le peu de durée

PRÉFACE.

de leur vol, la ruse du Renard pour les attraper, la méthode usitée pour en faire la chasse, & leurs qualités alimentaires avec quelques réflexions médicinales.

L'Oie forme le septième Chapitre ; nous y donnons sa description, ses différentes espèces & variétés, ses sifflemens, la durée de sa vie, sa transmigration, le choix qu'on en doit faire, sa ponte, son incubation, les précautions qu'on doit prendre pour élever ses petits, la nourriture qui convient à ce genre d'animaux, les plantes qui leur sont contraires, la vigilance des Oies, la méthode de les engraisser, leur logement, le nombre de femelles qu'on doit donner à chaque mâle, le temps propre pour les plumer, les grands profits qu'on en tire dans les basses-cours; & les inconvéniens qui résultent du nourris de ces oiseaux; les endroits qui conviennent le mieux pour leurs habitations, leurs propriétés alimentaires, la méthode de conserver pendant long-temps leur chair; enfin leurs usages médicinaux & économiques.

Le Canard est le second genre d'oiseaux aquatiques dont nous faisons mention dans ce traité, il est l'objet du huitième Chapitre; nous exposons la division du genre, la description de l'espèce sauvage, la différence de la femelle, la simple variété dans le Canard domestique, la pesanteur de cet oiseau, sa voix, son cri, ses habitudes, la construction de son nid, la ponte de ses œufs, son incubation, la méthode pour élever les Canards sauvages, le temps de leurs mues, l'habitation propre pour élever ceux qui sont domestiques, & la façon usitée chez les Chinois pour la propagation de cette espèce d'oiseaux; la chasse qu'on fait des sauvages, qui se réduit à trois différentes méthodes; les avantages de faire couver les œufs de Cane par les Poules, le profit qu'on peut tirer de ces sortes d'oiseaux dans la basse cour, la façon de les engraisser, leurs propriétés alimentaires, médicinales & économiques.

Le Cigne suit le Canard dans l'ordre du Chapitre de cet Ouvrage, comme étant aussi un oiseau aquatique, nous y donnons sa description, l'usage de la réflexion de sa trachée-artère, son accouplement, sa ponte, son incubation, son séjour, comment il a pu servir de modèle aux navires, ses habitudes, sa nourriture, ses ennemis, ses usages alimentaires, propriétés médicinales & économiques, le pronostic qu'on tire de ces oiseaux pour le beau & le mauvais temps.

Après le Chapitre du Coq & de la Poule, celui du Pigeon est le plus étendu & le plus intéressant; tout le monde nourrit de ces oiseaux, & par conséquent il n'y a personne qui ne soit curieux de la manière de les élever, c'est le sujet du premier & dernier Chapitre de cet Ouvrage ; voici en peu de mots les objets qui y sont traités : nous commençons d'abord par les réflexions de M. de Buffon sur sa domesticité ; nous faisons connoître le caractère de cet oiseau, ses espèces, ses variétés, ses nuances, ses races, la méthode la plus sûre pour en fournir nos co-lombiers, la façon de les nourrir quand ils sont jeunes, & de leur apprendre à manger, les alimens qui leur sont propres, le temps de leur donner liberté, la construction du colombier, la propreté qui y doit régner, les nids qu'on y doit placer, les précautions à observer au sujet de ces nids, la stérilité des Pigeons à la quatrième année, les moyens aisés de connoître leur âge, la nécessité de les nourrir en certains temps de l'année, les heures de la journée propres à leur donner la nourriture, les différens secrets pour les empêcher de déserter du colombier,

PRÉFACE.

& les secrets opposés, ce qui peut leur servir de prison, la nécessité de parfumer le colombier; le gouvernement des Pigeons-pattus, différens des précédens, connus sous le nom de Fuyards, le logement qui convient à ces Pigeons pattus, la méthode pour en avoir de bonne heure & de fort gros, le choix qu'on en doit faire pour la propagation de l'espèce, l'accouplement du mâle & de la femelle, les soins qu'on en doit avoir lorsqu'on les a mis dans la volière, le temps de leur incubation, la façon dont ces jeunes Pigeons sont nourris par leur père & mère; leur ponte, le nombre

PRÉFACE.

de leurs couvées, la durée de leur vie, le caractère distinctif du sexe par la voix, la façon de boire qui est propre à ce genre d'animaux, & ses qualités particulières, la chasse des Pigeons Sauvages ou Bisets; enfin les propriétés alimentaires de ces oiseaux; & pour ne rien oublier sur ces animaux, nous y avons encore ajouté les usages que la Médecine & l'Agriculture en tirent.

Par l'exposé succinct de ce qui est rapporté dans ces différens Chapitres, on peut juger de son utilité; on y trouve généralement toutes les connoissances nécessaires pour tirer profit d'une basse-cour, c'est peut-être dans les campagnes la plus grande reſſource pour les Fermières ; une bonne ménagère ſait trouver dans ſa baſſe-cour de quoi payer ſes tailles, ſes domeſtiques, l'entretien intérieur de ſa maiſon, ſans être obligée de recourir aux productions de la terre, qui deviennent par-là tout profit pour le Laboureur ; depuis long-temps on cherche la pierre philoſophale, on peut dire qu'elle eſt trouvée dans la propagation de la volaille ; une baſſe-cour bien conduite peut rapporter juſqu'à cinq à ſix cens pour cent à ſon maître ; mais il faut beaucoup de ſoin, d'attention & de précaution de la part de la gouvernante de basse-cour ; ce n'est qu'à force d'industrie, d'intelligence & de travail, qu'on peut parvenir à s'enrichir ; nous nous estimerions très-heureux, si par la publication de ce traité nous pouvions ranimer dans les campagnes le goût pour ce nouveau genre de richesses, conséquemment l'aisance, que l'un de nos plus grands Rois desiroit de donner aux Paysans ; un des vœux de ce bon Roi, qui avoit pour ses Sujets l'amour d'un père pour ses enfans ; un des vœux de Henri IV, étoit que chaque Villageois pût tous les Dimanches mettre une Poule dans son pot ; or il le pour-

PRÉFACE.

roit, s'il donnoit tout le soin à rendre la volaille plus commune; nous avons actuellement l'avantage d'avoir un Roi qui conserve le même amour pour son peuple qu'avoit Henri IV; que n'avons-nous donc pas à espérer sous un pareil règne; l'industrie se ranimera dans les campagnes, l'aisance s'y répandra par-tout, & dans les siècles à venir, on pourra dire qu'enfin sous la domination de Louis XVI, les vœux de Henri IV ont été accomplis.

Avant de finir cette Préface, il est à propos de rendre compte des sources auxquelles nous avons eu recours pour la rédaction de cet Ouvrage : nous nous sommes servis, pour les descriptions, des ouvrages des meilleurs Ornithologistes, tels que MM. de Buffon, Brisson, Salerne ; nous avons eu recours pour les usages économiques, au Journal, Dictionnaire & Encyclopédie économiques, au Dictionnaire vétérinaire & des animaux domestiques, au Dictionnaire domestique portatif, au Gentilhomme Cultivateur de M. Dupuy d'Emportes, au Guide du Fermier, au Parfait Fermier, & à la Parfaite Fermière ; enfin à tous les meilleurs ouvrages, qui ont eu rapport, soit directement, soit indirectement aux objets que nous traitons dans celui-ci : nous avons aussi fait usage de nos propres observations, & expériences que nous avons vu faire dans la maison paternelle : nous avons en outre consulté les gens versés en ce genre d'occupations, qui valent sans contredit mieux que tous les livres qu'on pourroit consulter.

Cet Ouvrage peut servir de suite aux *Amusemens Innocens, ou Traité sur les Oiseaux de Volière*, que nous avons publiés chez Didot le jeune.

TABLE DES CHAPITRES.

Préface. page v
CHAPITRE PREMIER. *Du Paon.* 1
CHAP. II. *Du Dindon.* 32
CHAP. III. *Du Coq & de la Poule.* 69

ARTICLE PREMIER. *Du Coq.* ibid
ART. II. *Du Chapon.* 91
ART. III. *De la Poule.* 99
ART. IV. *De la Poularde.* 175
ART. V. *Des Œufs.* 176
ART. VI. *Des Poulets, & de la manière de les élever.* 219
CHAP. IV. *De la Pintade.* 296
CHAP. V. *Du Faisan.* 300
CHAP. VI. *De l'Outarde.* 321

TABLE, &c.

CHAP. VII. *De l'Oie.* 327
CHAP. VIII. *Du Canard.* 349
CHAP. IX. *Du Cigne.* 375
CHAP. X. *Des Pigeons.* 386

Fin de la Table.

APPROBATION.

J'AI lu par ordre de Monseigneur le Garde des Sceaux, un Manuscrit intitulé : *Taité Économique & Physique des Oiseaux de Basse-Cour*, par M. BUC'HOZ : & je n'y ai rien trouvé qui puisse en empêcher l'impression. A Paris ce 9 Janvier 1775. GUETTARD.

PRIVILÉGE DU ROI.

LOUIS, PAR LA GRACE DE DIEU, ROI DE FRANCE ET DE NAVARRE : A nos amés & féaux Conseillers, les Gens tenant nos Cours de Parlement, Maîtres des Requêtes ordinaires de notre Hôtel, Conseils Supérieurs, Prévôt de Paris, Baillifs, Sénéchaux, leurs Lieutenans Civils, & autres nos Justiciers qu'il appartiendra: SALUT. Notre amé le sieur LACOMBE, Libraire, Nous a fait exposer qu'il desireroit faire imprimer & donner au Public, un Ouvrage intitulé: *Traité Économique & Physique des Oseaux de Basse - Cour*, par M. BUC'HOZ ; s'il Nous plaisoit lui accorder nos Lettres de Permission pour ce nécessaires. A CES CAUSES, voulant favorablement traiter l'Exposant, Nous lui avons permis & permettons, par ces Présentes, de faire imprimer ledit Ouvrage autant de fois que bon lui semblera, & de le vendre, faire vendre & débiter par tout notre Royaume, pendant le temps de trois années consécutives, à compter du jour de la date des Présentes. Faisons défenses à tous Imprimeurs, Libraires, & autres personnes, de quelque qualité & condition qu'elles soient, d'en introduire d'impression étrangère dans aucun lieu de notre obéissance. A la charge que ces Présentes seront enregistrées tout au long sur le Registre de la Communauté des Imprimeurs & Libraires de Paris, dans trois mois de la date d'icelles ; que l'impression dudit Ouvrage sera faite dans notre Royaume, & non ailleurs, en beau papier & beaux caractères ; que l'Impétrant se conformera en tout aux Réglemens de la Librairie, & notamment à celui du dix Avril 1725, à peine de déchéance de la présente Permission ; qu'avant de l'exposer en vente, le Manuscrit qui aura servi de copie à l'impression dudit Ouvrage, sera remis dans le même état où l'approbation y aura été donnée, ès mains de notre très-cher & féal Chevalier Garde des Sceaux de France, le Sieur HUE DE MIROMENIL ; qu'il en sera ensuite remis deux Exemplaires dans notre Bibliothèque publique, un dans celle de notre Château du Louvre, & un dans celle de notre très-cher & féal Chevalier Chancelier de France le Sieur DE MAUPEOU ; & un dans celle dudit Sieur HUE DE MIROMENIL, le tout à peine de nullité des Présentes ; du contenu desquelles vous mandons & enjoignons de faire jouir ledit Exposant & ses ayans-cause, pleinement & paisiblement, sans souffrir qu'il leur soit fait aucun trouble ou empêchement. Voulons qu'à la copie des Présentes, qui sera imprimée tout au long, au commencement ou à la fin dudit Ouvrage, foi soit ajoutée comme à l'original. Commandons au premier notre Huissier ou Sergent sur ce requis, de faire, pour l'exécution d'icelles, tous actes requis & nécessaires, sans

xlviij

demander autre permission, & nonobstant clameur de Haro, Charte Normande, & Lettres à ce contraires : CAR tel est notre plaisir. Donné à Paris le cinquième jour du mois de Mars l'an mil sept cent soixante-quinze, & de notre Règne le premier. Par le Roi en son Conseil.

Signé LE BEGUE.

Regiftré sur le Regiftre XIX de la Chambre Royale & Syndicale des Libraires & Imprimeurs de Paris, N° 3057, *fol.* 406, *conformément au Règlement de* 1723. *A Paris ce* 15 Avril 1775.

Signé CHARDON, Adjoint.

TRAITÉ ÉCONOMIQUE ET PHYSIQUE DES OISEAUX DE BASSE-COUR.

CHAPITRE PREMIER.

DU PAON.

Nous commençons cet Ouvrage par le Paon, qui, de tous les oiseaux, est le plus beau, le plus distingué, & qui mérite sans contredit la préférence par son port majestueux, & par la fierté de sa marche. Il fait l'ornement des basse-cours; il n'y a aucune ferme un peu considérable, où on n'en élève au moins deux. Il est du genre des Poules, & grand comme une Poule d'Inde. Le mâle a la tête, le cou & le commencement de la poitrine d'une couleur bleue foncée; sa tête est petite en proportion du corps, & est ornée de deux grandes taches oblongues, dont l'une passe par-dessus les yeux; l'autre, qui est plus courte, mais plus épaisse, est située au-dessous des yeux, & est suivie d'une troisième marque noire. Le Paon mâle porte au sommet de la tête une huppe, qui n'est point entière, comme dans quelques-autres oiseaux, mais composée en quelque sorte, de tiges unies, foibles, verdâtres, qui portent en leurs extrémités des espèces de fleurs de lis bleuâtres. Le bec de cet oiseau est grisâtre, très-ouvert, courbé, comme celui de tous les oiseaux qui vivent de grains, & ſes narines ſont fort larges; l'iris de ſes yeux eſt jaunâtre; ſon cou eſt un peu long, & fort menu relativement au corps; ſon dos eſt d'un blanc tiqueté de fauve & de taches noires tranſverſales; ſes ailes ſont pliées, noires au-deſſus du côté du dos, & rouſſes en-deſſous du côté du ventre, ainſi qu'en dedans; ſa queue eſt diſpoſée de façon qu'elle paroît comme diviſée en deux; & en effet, lorſqu'elle s'étend en forme de roue, on apperçoit des plumes plus petites, brunâtres, qui ſemblent compoſer la queue entière. Elles ne ſont pas roides, comme les plus longues, mais étendues comme dans la plupart des oiſeaux; de ſorte que néceſſairement les plus longues s'inſèrent dans un muſcle, par le moyen duquel elles peuvent ſe redreſſer

& s'étendre. Si on en croit Belon, ces dernières naissent du croupion, & les premières ne sont faites que pour les soutenir. Quant au croupion, il est d'un verd foncé, & l'oiseau le dresse avec sa longue queue. Les plumes en sont courtes & comme tuilées; elles dérobent la vue d'une partie des longues plumes de la queue. Celles-ci étant étendues, sont toutes de couleur de châtaigne, ornées de lignes dorées, très-élégantes ; elles vont de bas en haut, & sont terminées par d'autres plumes fourchues, d'un verd très-foncé, qui ressemblent à des queues d'Hyrondelle; les ronds, ou, pour mieux dire, les yeux des plumes, ont l'éclat du chrysolite, & la couleur de l'or & du saphir. Ces mêmes yeux sont composés de quatre cercles, dont le premier est de couleur d'or, le second est châtain, le troisième verd, & celui du milieu bleu ou de saphir, à peu-près de la figure & de la grandeur d'une féverole. Les cuisses, les jambes & les pieds sont d'un cendré parsemé de taches noires, & armées d'éperons, à la façon de ceux des Coqs. Le ventre, près de l'estomac, est d'un bleu verdâtre, noirâtre, ou du moins brunâtre vers l'anus.

La femelle s'appelle *Paone*, *Paonesse* ou *Panache*. Les couleurs de son plumage ne sont pas si brillantes que dans le mâle. Elle est d'un gris cendré, tirant sur le brunâtre; le sommet de sa tête & de sa huppe est de la même couleur: ils sont néanmoins tachetés de points verdâtres; l'iris de ses yeux est tout-à-fait plombé; son menton est entièrement blanc; les plumes de son cou sont ondées, vertes, blanches aux extrémités, vers la poitrine; sa queue n'a pas le beau pennage du mâle. M. de Buffon, en parlant de cet oiseau, l'a fait avec cette éloquence qui lui est propre, & qui lui a acquis à juste titre tant de distinction parmi les Écrivains de son siècle. Si l'empire, dit ce grand Naturaliste, appartenoit à la beauté, & non à la force, le Paon seroit, sans contredit, le Roi des oiseaux. Il n'en est point sur qui la Nature ait versé ses trésors avec plus de profusion. La taille grande, le port imposant, la démarche fière, la figure noble, les proportions du corps élégantes; tout ce qui annonce un air de distinction, lui a été donné. Une aigrette mobile & légère, peinte des plus riches couleurs, orne sa tête, & l'élève sans la charger ; son incomparable plumage semble réunir tout ce qui flatte nos yeux dans le coloris tendre & frais des plus belles fleurs ; tout ce qui les éblouit dans les reflets pétillans des pierreries ; tout ce qui les étonne dans l'éclat majestueux de l'arc-en-ciel.

Non-seulement la Nature a réuni sur le plumage du Paon toutes les couleurs du ciel & de la terre, pour en faire le chef-d'œuvre de sa magnificence, elle les a encore mêlées, assorties, nuancées, fondues de son inimitable pinceau, & en a fait un tableau unique, où elles tirent de leur mélange avec des nuances plus sombres, & de leur opposition entre elles, un nouveau lustre, & des effets de lumière si sublimes, que notre art ne peut ni les imiter, ni les décrire. Tel paroît à nos yeux le plumage du Paon, lorsqu'il se promène paisible & seul dans un beau jour de printemps; mais si sa femelle vient tout-à-coup à paroître; si les feux de l'amour, se joignant aux secrettes influences de la saison, le tirant de son repos, lui inspirent une nouvelle ardeur & de nouveaux desirs, pour lors toutes ses beautés se multiplient: ses yeux s'animent,

& prennent de l'expression ; son aigrette s'agite sur sa tête, & annonce l'émotion intérieure ; les longues plumes de sa queue déploient en se relevant leurs richesses éblouissantes ; sa tête & son cou se renversent noblement en arrière, se dessinent avec grâce sur le fond radieux où la lumière du soleil se joue en mille manières, se perd, se reproduit sans cesse, & semble annoncer un nouvel éclat plus doux & plus moëlleux, de nouvelles couleurs plus variées & plus harmonieuses ; chaque mouvement de l'oiseau produit des milliers de nuances nouvelles, des gerbes de reflets ondoyans & fugitifs, sans cesse remplacés par d'autres reflets & d'autres nuances toujours diverses & toujours admirables.

Le Paon ne semble alors connoître ses avantages, que pour en faire hommage à sa compagne, qui en est privée, sans en être moins chérie; & la vivacité que l'ardeur de l'amour mêle à son action, ne fait qu'ajouter de nouvelles grâces à ses mouvemens, qui sont naturellement nobles, fiers & majestueux, & qui, dans ces momens, sont accompagnés d'un murmure énergique & sourd, qui exprime le desir.

Mais les plumes brillantes, qui surpassent en éclat les plus belles fleurs, continue le Naturaliste Français, se flétrissent aussi comme elles, & tombent aussi chaque année. Le Paon, comme s'il sentoit la honte de sa perte, craint de se faire voir dans cet état humiliant, & cherche les retraites les plus sombres, pour s'y cacher à tous les yeux, jusqu'à ce qu'un nouveau printemps lui rende sa parure accoutumée, le ramène sur la scene pour y jouir des hommages dûs à sa beauté; car on prétend qu'il en jouit en effet ; qu'il est

A v

sensible à l'admiration; que le vrai moyen de l'engager à étaler ses plumes, c'est de lui donner des regards d'attention & des louanges; & qu'au contraire, lorsqu'on paroît le regarder froidement & sans beaucoup d'attention, il replie tous ses tréfors, & les cache à qui ne fait pas les admirer.

Quoique le Paon soit depuis long-temps naturalisé en Europe, cependant il n'en est pas plus originaire; ce sont les Indes Orientales, c'est le climat qui produit le saphir, le rubis, la topaze, qui doit être regardé comme son pays natal : c'est de là qu'il a passé dans la partie occidentale de l'Asie; de l'Asie il a été transporté dans la Grèce, & il y fut même si rare, qu'à Athenes on le montra pendant trente ans à chaque cérémonie, comme un objet de curiosité; on accouroit même en foule des villes voisines pour le voir;

il est donc probable que c'est de cette ville & de la Grèce, que les Paons sont parvenus dans les parties méridionales de l'Europe, &, de proche en proche, en France, en Allemagne, en Suisse, & jusques dans la Suède. Enfin les Européens, qui, par l'étendue de leur commerce & de leur navigation embrassent le globe entier, ajoute M. de Buffon, les ont répandus d'abord sur les côtes d'Afrique & dans quelques îles adjacentes, ensuite dans le Mexique, & de-là dans le Pérou & dans quelques-unes des Antilles, telles que St Domingue & la Jamaïque, où l'on en voit beaucoup aujourd'hui, & où, avant cela, il n'y en avoit pas un seul. Le coq Paon n'a guères moins d'ardeur pour ses femelles, ni guères moins d'acharnement à se battre avec les autres mâles, que le Coq ordinaire. Il en auroit même davantage, s'il

A vj

étoit vrai ce qu'on en dit, que lorsqu'il n'a qu'une ou deux poules, il les tourmente, les fatigue, les rend stériles à force de les féconder, & trouble l'ordre de la génération à force d'en répéter les actes Aussi pour mettre à profit cette violence de tempérament, on donne au mâle quatre ou six femelles. Les Paones ont aussi le tempérament fort lascif; & quand elles se trouvent privées de mâles, elles s'excitent entr'elles, elles se frottent dans la poussière, & se procurent une fécondité imparfaite; elles pondent des œufs clairs & sans germe, dont il ne résulte rien de vivant.

On n'élevera dans une basse-cour des Paons, qu'autant que la fortune pourra le permettre pour le plaisir; car ces oiseaux sont goulus & d'un grand entretien. Ils font du dégât aux toits des maisons & aux jardins, sur-tout quand on n'a pas quelques pâturages à leur donner. Jusqu'à ce qu'ils ayent quitté leur mète, ils sont assez difficiles à élever. Les mâles vivent jusqu'à vingt-quatre ans, & les femelles un peu moins. On ne leur donne un toit, que pour empêcher qu'ils ne se perdent, & ne dégradent les couvertures des maisons; car ils aiment à se percher à l'air, & ils supportent également le froid & le chaud. Ils cherchent même les lieux élevés, & ils sont néanmoins si familiers, que souvent ils se nourrissent & mangent parmi la volaille; aussi leur nouriture est-elle la même.

Les Paones ne pondent jamais qu'elles n'ayent trois ans; cependant il s'en est trouvé qui ont fait des œufs au bout d'un an : mais les œufs n'étoient pas féconds. Quand elles pondent, elles sont fort sujettes à le faire en différens endroits, & à égarer leurs œufs, si on n'a soin de les ramasser. La ponte est de dix œufs, quelquefois de douze. Elles ne commencent ordinairement qu'à la fin d'Avril ou au commencement de Mai. Lorsque elles ont une fois pondu leur premier œuf, elles continuent de pondre les autres, de deux jours l'un, jusqu'à ce qu'elles ayent achevé. Par conséquent on épiera dans le temps les endroits où elles vont jucher, & on mettra beaucoup de paille sous le juchoir, pour que les œufs ne se cassent point en tombant.

La Paone, si on l'abandonne à elle-même après qu'elle a pondu, se cache pendant quelques jours, & elle ne sort de sa cachette que lorsque la faim la presse. Elle ne manque point de venir à certaines heures prendre, une ou deux fois le jour, de la nourriture dans l'endroit où on a coutume de lui en donner. C'est pour lors qu'on la veillera; & dès qu'on l'y verra arriver, on lui donnera le temps de manger, jusqu'à ce qu'il lui prenne envie de s'en retourner; ce qu'elle fera comme en cachette: ceux qui la veillent, la suivront de loin, autant que la vue pourra s'étendre. Mais quand elle retourne à son lit, elle y va sans voler, & par des chemins détournés, qu'elle change tous les jours, pour qu'on ne trouve point son nid. Lorsqu'on a découvert l'endroit où elle couve, on a des pieux tout préparés, ou des claies, pour environner ce lieu, & y faire une clôture suffisante pour empêcher qu'aucune bête maligne ne l'aille troubler dans son ouvrage. La couvée de la Paone est ordinairement de dix œufs blancs & tachetés comme ceux de la Dinde, à peu près de la même grosseur. Tandis que la Paone couve, il ne faut la visiter que de l'œil & de loin; autrement cela la rebuteroit,

& quelque attachée qu'elle pût être à son ouvrage, elle l'abandonneroit pour n'y plus revenir; ainsi on aura de la patience jusqu'à la fin. Un mois suffit pour faire éclore ses petits. Dans l'endroit où elle a coutume de venir manger, il faut toujours jeter de la nourriture à l'heure ordinaire, de peur qu'elle ne quitte ses œufs à moitié côuvés. Cependant, si cela arrivoit, il ne faudroit pas s'en étonner; car la Paone recommenceroit à pondre, & couveroit une seconde fois fort heureusement; mais cette seconde couvée ne vaut pas la première: l'hiver survient trop tôt, & empêche que les Paons tardifs ne deviennent aussi beaux & aussi gros que les premiers éclos.

Pour éviter tous ces embarras, on donne les œufs de *Paones* à couver aux Poules domestiques. Il faut qu'elles soient grosses, afin de pouvoir mieux les embrasser.

Cinq œufs suffisent; & on ne les met sous la Poule que dix jours après que la Paone les a couvés. Plus les œufs sont frais, plus la fécondité en est sûre. Il faut que la personne qui a soin de ces couveuses, retourne de temps en temps les œufs étrangers qu'elles couvent, afin qu'elles les échauffent également par-tout. Les Poules ne peuvent pas les remuer elles-mêmes, comme elles font leurs propres œufs, parce que ceux de la Paone sont plus gros. La Paone ne fait jamais éclore tous ses petits à la fois, & son impatience est si grande, qu'elle quitte facilement les œufs qui ne sont pas éclos, pour conduire vîte les petits qui le sont. C'est pour cette raison que, pendant qu'elle sera dehors pour les promener, on lui enlevera les œufs qui ne sont pas éclos; & pour en achever la couvée, on les portera adroitement sous une

Poule, ou sous une Dinde en humeur de couver.

La Paone, après avoir couvé, ne retourne jamais coucher dans son nid. Une haie, un buisson, près du logis, sont les endroits ordinaires où elle prend son gîte pour la nuit ; mais on veillera sur la Paone & sur ses petits pendant les quatre ou cinq premiers jours, & on les enfermera sous une mue jusqu'à ce qu'elle les ait accoutumés à se percher sur les arbres. Ce qui est admirable dans les mères, c'est que les premiers jours, connoissant que leurs petits sont encore trop foibles pour monter, comme elles, sur les arbres, elles les prennent sur leur dos l'un après l'autre, & les y portent elles-mêmes ; & le matin venu, la mère sautant de ce gîte en bas, accoutume ses petits à en faire autant pour la suivre. C'est de cette manière qu'à mesure que les petits Paons se fortifient, ils s'enhardissent à monter de branche en branche, & que devenus enfin tout-à-fait forts, ils ne craignent plus de prendre leur volée avec les grands. A mesure que les Paons croissent, ils ont coutume de se battre. Il faut y veiller; car les plus forts blesseroient les plus foibles.

Quand les Paons commencent à devenir forts, on leur donne de l'orge; & pour les bien nourrir, il en faut à chacun un boisseau par mois, ou vingt livres. On leur donne en hiver des fèves rôties sur les charbons; rien ne les rend plus féconds. Le froment pur leur est bon; ils l'aiment mieux que tout autre grain. En Normandie, on les nourrit avec des pepins de poires & de pommes. Quand ils sortent de l'œuf, la première nourriture qu'on leur présentera sera la farine d'orge détrempée dans du vin; du froment ramolli dans l'eau, ou même de la bouillie cuite & refroidie. Dans la suite, on pourra leur donner du fromage blanc bien pressé, & sans aucun petit-lait, mêlé avec des poireaux hachés, & même des sauterelles, dont on les dit très-friands; mais il faut auparavant ôter les pieds à ces insectes.

Pendant le temps de l'incubation, la Paone évite soigneusement le mâle; car dans cette espèce, le mâle plus ardent, & moins fidèle aux vœux de la Nature, est plus occupé de son plaisir particulier que de la multiplication de son espèce; & s'il peut surprendre la couveuse sur ses œufs, il les casse en s'approchant d'elle; & peut-être y met-il du dessein, & cherche-t-il, dit M. de Buffon, à se délivrer d'un obstacle qui l'empêche de jouir. Quelques-uns ont cru qu'il ne les cassoit que par empressement à les couver lui-même. Ce seroit-là un motif bien différent.

Les Paonaux, jusqu'à ce qu'ils soient un peu forts, portent mal leurs ailes. Ils les ont traînantes, & ne savent pas s'en servir. Une mère Paone, ou même une Poule ordinaire, peut avoir jusqu'à vingt-cinq Paonaux, selon Columelle; & seulement quinze, suivant Pallodius. Ce dernier nombre est plus que suffisant dans les pays froids. Quand les petits sont âgés d'environ un mois, ou un peu plus, l'aigrette commence à leur pousser, & pour lors ils sont malades, comme les Dindonneaux, lorsqu'ils poussent le *rouge*. Ce n'est que dès ce moment que le mâle les reconnoît pour les siens; car, tant qu'ils n'ont point d'aigrette, il les poursuit comme étrangers. On ne doit néanmoins, selon Columelle, les mettre avec les grands, que quand ils ont sept mois; & s'ils ne se perchoient pas d'eux-mêmes sur le perchoir, il faut les y accoutumer, & ne point souffrir qu'ils dorment à terre, à cause du froid & de l'humidité.

Les Paons paroissent se caresser réciproquement avec le bec ; mais en y regardant de plus près, M. de Buffon a reconnu qu'ils se grattoient les uns les autres autour de la tête, où ils ont des poux très-vifs & très-agiles ; on les voit courir sur la peau blanche qui entoure leurs yeux, ce qui ne peut manquer de leur occasionner une sensation incommode ; aussi se prêtent-ils avec beaucoup de complaisance lorsqu'on les gratte.

Ces oiseaux se rendent les maîtres dans la basse-cour, & se font respecter de l'autre volaille, qui n'ose prendre la pâture qu'après qu'ils ont fini leurs repas ; ils saisissent le grain de la pointe du bec, & l'avalent sans le broyer ; pour boire ils plongent le bec dans l'eau, où ils font cinq ou six mouvemens assez prompts de la mâchoire inférieure ; puis en se relevant, & tirant leur tête dans une situation horizontale, ils avalent l'eau dont leur bouche s'étoit remplie, sans faire aucun mouvement du bec.

Les alimens sont reçus dans l'œsophage, où l'on a observé un peu au-dessus de l'orifice antérieur de l'estomac un bulbe glanduleux, rempli de petits tuyaux qui donnent en abondance une liqueur limpide ; l'estomac est revêtu à l'extérieur d'un grand nombre de fibres matrices. Dans un de ces oiseaux qui a été disséqué par Gaspard Bartholin, il y avoit bien deux conduits biliaires, mais on n'y remarqua qu'un seul canal pancréatique, quoiqu'ordinairement il y en ait deux dans les oiseaux ; le cœcum étoit double & dirigé d'arrière en avant ; il égaloit en longueur tous les autres intestins ensemble, & les surpassoit en capacité : le croupion est très-gros, parce qu'il est chargé de muscles qui servent à redresser la queue & à l'épanouir; les deux plumes du milieu de la queue ont environ quatre pieds & demi, & sont les plus longues de toutes, & les latérales vont toujours en diminuant de longueur jusqu'à la plus extérieure.

Quand le Paon dort, il le fait tantôt en cachant sa tête sous l'aile, tantôt en faisant rentrer son cou en lui-même, & ayant le bec au vent; il aime la propreté, & c'est par cette raison qu'il tâche de recouvrir & d'enfouir ses excrémens comme l'oie; il sert de garde aux maisons où il est, car il crie ordinairement quand il voit quelqu'un, & même sans cela; il fait souvent entendre sa voix pendant la nuit, qu'on regarde pour lors comme désagréable, parce qu'elle
trouble

trouble le sommeil. On prétend que la femelle n'a qu'un seul cri qu'elle ne fait guère entendre qu'au printemps, mais que le mâle en a trois. M. de Buffon a cependant reconnu qu'il n'avoit que deux tons; l'un plus grand, qui tient plus du hautbois; l'autre plus aigu, précisément à l'octave du premier, & qui tient plus des sons perçans de la trompette. Et le Naturaliste ajoute qu'à l'oreille les deux tons n'ont rien de choquant, & qu'il n'a pu appercevoir aucune difformité dans les pieds de ces oiseaux. Ce n'est, continue M. de Buffon, qu'en prêtant aux Paons nos mauvais raisonnemens & même nos vices, qu'on a pu supposer que leur cri n'étoit autre chose qu'un gémissement arraché à leur vanité, toutes les fois qu'ils apperçoivent la laideur de leurs pieds. Théophraste annonce que les cris souvent répétés des Paons étoient un

B

présage de pluie. Outre les différentes espèces de cris dont nous venons de parler, les Paons mâle & femelle produisent encore un certain bruit sourd, un craquement étouffé, une voix intérieure & renfermée qu'ils répètent souvent, & quand ils sont inquiets, & quand ils paroissent tranquilles & même contens.

On a observé une certaine sympathie entre les Paons & les Dindons ; ces deux sortes d'oiseaux s'accommodent mieux ensemble qu'avec tout le reste de la volaille : on prétend même qu'on a vu un Coq Paon couvrir un Poule d'Inde ; ce qui indiqueroit une grande analogie entre les deux espèces.

Linnæus a observé que la fleur de sureau étoit contraire aux Paons, & Frauzius dit que la fleur d'ortie leur est mortelle, quand ils sont jeunes. La beauté du Paon l'a fait consacrer à la Déesse Junon. On voit plus communément dans les pays septentrionaux des Paons blancs que colorés ; cependant il s'en trouve des blancs en France. Communément un Paon & une Paonne dont le plumage est doré, produisent des Paons qui leur ressemblent ; de même les Paons blancs font des petits dont le plumage est blanc : mais deux Paons dorés, provenus d'un mâle & d'une femelle de couleur différente, donnent des Paons blancs ; & un mâle & une femelle, tous deux blancs, dont le père & la mère étoient l'un blanc & l'autre doré, font des Paoneaux, les uns dorés, les autres blancs.

Dans le Royaume de Cambaye il y a quantité de Paons dispersés dans les champs par compagnie : ces oiseaux sont très-sauvages, & ils s'enfuient dans les broussailles à l'approche du Chasseur ; la nuit ils se perchent sur les arbres ; on en approche avec une espèce de bannière où des Paons sont représentés de chaque côté, & on met des chandelles au haut de la pique. La lumière qui surprend le gibier, lui fait alonger le col jusques sur la pique, & il se prend dans une corde à nœuds coulans, que tire le porteur de la bannière ; cette chasse est inconnue en Europe.

On fait un commerce considérable de plumes de Paon à la Chine, ainsi que dans le Mogol & en Perse, on les emploie pour faire une espèce d'éventails, & les Dames de ce pays en ornent leurs coëffures. Le Père Menestrier, dans le Traité des Tournois, dit qu'on en formoit anciennement des couronnes en guise de lauriers pour les Poëtes, appelés *Troubadours*. Gesner a vu une étoffe dont la chaîne étoit de soie & de fil d'or, & la trame étoit de ces mêmes plumes : tel fut sans doute le manteau tissu des plumes de Paon, qu'envoya le Pape Paul III au Roi Pepin.

Le Paon est peu d'usage en aliment : sa chair dure, sèche, & difficile à digérer, le fait rejeter de toutes les bonnes tables ; & si l'on en sert quelquefois, c'est plutôt par ostentation & par magnificence, qu'à cause de sa bonté. Sabizier, qui écrivoit il y a plus de 120 ans, rapporte qu'il étoit d'usage de son temps de servir au festin nuptial des gens riches, un Paon qui paroissoit vivant, avec le bec & les pieds dorés : on le dépouilloit à cet effet de sa peau ; & après avoir fait cuire son corps avec la canelle, le girofle & d'autres aromates, on le recouvroit de nouveau, & on le servoit, sans qu'il parût avoir été gâté. Ce mets étoit pour le plaisir des yeux, & on n'y touchoit point. L'oiseau dans cet état se conservoit pendant plusieurs années sans se corrompre ; ce qui est une propriété qu'on a regardée comme particulière à la chair du Paon. Cependant quoique la chair du Paon ne soit pas bonne, celle des Paoneaux est assez délicate : mais il faut qu'ils soient jeunes & tendres. Quant aux œufs de Paon, les Médecins les regardent comme une mauvaise nourriture, quoique les Anciens les mettoient au premier rang, même avant ceux d'oie & de poule commune.

En Médecine on estime la chair de Paon contre le vertige, & on recommande les bouillons qu'on en fait dans la pleurésie, pour exciter l'urine, & pour faire couler les graviers des reins & de la vessie : sa graisse mêlée avec le miel & le suc de rhue, guérit la colique, & son fiel est ophtalmique, propre pour déterger les ulcères des yeux, & pour fortifier la vue. La fiente est la partie du Paon la plus usitée parmi les médicamens : c'est un spécifique contre l'épilepsie & le vertige : on donne cette fiente en poudre, depuis un scrupule jusqu'à un gros, soit seule, soit mêlée avec un peu de sucre, soit en potion infusée dans un verre de vin rouge, & on donne la colature au malade. Quelques-uns mettent infuser de la fiente de Paon fraîche dans 2 ou 3 onces de vinaigre de fleurs d'œillets, & ils en font boire neuf jours de suite l'expression, le matin à jeun, depuis la nouvelle jusqu'à la pleine lune ; on en met aussi depuis une demi-once jusqu'à une once dans les lavemens anti-épileptiques. Outre que cette fiente y sert d'aiguillon, elle a une efficacité presque sûre, quand le mal provient d'un foyer placé dans quelques viscères du bas-ventre, comme dans la rate, le mésentère & le pancréas.

C'est avec la même fiente qu'on prépare le fameux remède anti-épileptique de Madame la Comtesse de Voldreck : on prend pour le faire, une poignée de fiente de Paon mâle, si c'est pour un homme, & de femelle, si c'est pour une femme; on la fait macérer pendant quelques heures dans une suffisante quantité de bon vin rouge, pour que la liqueur surnage de deux ou trois doigts ; on passe ensuite le tout par un linge avec une légère expression, pour partager en trois doses, à donner trois jours de suite le matin à jeun, avant la nouvelle lune; le malade se tenant bien couvert en attendant la sueur.

CHAPITRE SECOND.

DU DINDON.

LE Dindon est un un gros oiseau qui approche beaucoup du Paon par sa structure: sa tête & la partie du cou qui en est la plus voisine, sont néanmoins dénuées de plumes, & couvertes seulement d'une peau, d'où saillent quelques tuyaux fort courts, garnie entièrement de mammelons charnus, dont les uns sont d'un rouge vif, les autres variés de blanc, de bleu & de rouge; leur bec est tout courbé : au-dessus de l'origine du demi-bec supérieur, est un appendice charnu, ou espèce de caroncule rouge, qui lorsqu'elle est retirée, a tout au plus un pouce de long, mais qui peut s'étendre jusqu'à la longueur d'environ trois ou quatre pouces. Cette caroncule couvre pour lors une partie du bec, & pend beaucoup au-delà : le mâle a au milieu de la poitrine un petit faisceau de poils noirs, communément longs d'un à trois pouces. Les plumes qui couvrent la partie supérieure du dos & le dessus des ailes, sont comme coupées quarrément par le bout: la queue est composée de dix-huit plumes, qui peuvent s'élever à la volonté de l'oiseau dans une direction verticale, & se déployer de manière à former les trois quarts de cercle. Outre cette queue qui est la supérieure, le Dindon en a encore une qui est inférieure ; celle-ci consiste en d'autres plumes moins grandes, & reste toujours dans la situation horizontale.

Les Coqs d'Inde ont quatre doigts, dont trois en devant, qui sont joints ensemble à leur origine seule par un commencement de membranes, qui s'étend tout au plus jusqu'à la premiere articulation ; le mâle a pour l'ordinaire à la partie postérieure de chaque pied un ergot gros, court & obtus : la femelle n'en a point ; elle n'élève pas non plus, & n'étend pas sa queue comme le mâle, & sa caroncule est beaucoup moins considérable en grosseur & en longueur.

des Oiseaux de Basse-Cour. 35

La femelle n'a pas aussi, comme nous avons déja dit, de faisceaux de poils roidis sur la poitrine, quoique néanmoins M. Brisson dise qu'il a vu ce faisceau à quelques femelles, mais plus court; les femelles se nomment Poules d'Inde.

Les Dindons ont double estomac comme les Coqs ordinaires, c'est-à-dire, un jabot & un gésier; mais comme ils sont plus gros, les muscles de leur gésier ont aussi plus de force. La longueur du tube intestinal est à-peu-près quadruple de la longueur de l'animal, prise depuis la pointe du bec jusqu'à l'extrémité du croupion. Ils ont deux *cœcum*, dirigés l'un & l'autre d'arrière en avant, & qui, pris ensemble, font plus du quart du conduit intestinal; ils prennent naissance assez près de l'extrémité de ce conduit, & les excrémens contenus dans leur cavité ne different guères de ceux que renferme la cavité du

B vj

colon & du rectum. Les excrémens ne féjournent point dans la cloaque commune, comme l'urine & le fédiment blanc, qui fe trouve plus ou moins abondamment, par où paffe l'urine, & ils ont affez de confiftance pour fe mouler en fortant par l'anus.

Les parties de la génération fe préfentent dans les Dindons à-peu-près comme dans tous les gallinacés : mais à l'ufage qu'ils en font, ils paroiffent avoir moins de puiffance réelle ; les mâles font moins ardens pour les femelles, moins prompts dans l'acte de la fécondation, & leurs approches font beaucoup plus rares ; & d'autre côté les femelles pondent plus tard & bien plus rarement.

A l'égard des yeux de ces oifeaux, l'organifation differe beaucoup de celle des yeux des autres animaux ; auffi leur vue eft beaucoup plus perçante. Outre les deux

des Oiseaux de Basse-Cour.

paupières supérieures & inférieures, ils en ont encore une troisième, nommée paupière interne, *membrana nictitans*, qui se retire & se plisse en forme de croissant dans le grand coin de l'œil, & dont les cillemens frequents & rapides s'exécutent par une mécanique musculaire curieuse : la paupière supérieure est presque entièrement immobile ; mais l'inférieure est capable de fermer l'œil, en s'élevant vers la supérieure ; ce qui n'arrive guère que lorsque l'animal dort, ou lorsqu'il ne vit plus. Les deux paupières ont chacune un point lacrymal, & n'ont pas de rebords cartilagineux. La cornée transparente est environnée d'un cercle osseux, composé de quinze pièces, plus ou moins, posées l'une sur l'autre en recouvrement. Le cryſtallin eſt plus dur que celui de l'homme, mais moins dur que celui des quadrupèdes & des poiſsons; & sa plus grande courbure est en arrière. Enfin il sert de nerf optique. Entre la rétine & la choroïde, est une membrane noire de figure rhomboïde, & composée de fibres parallèles. Elle traverse l'humeur vitrée, & va s'attacher quelquefois immédiatement par son angle antérieur, quelquefois par un filet qui part de cet angle, à la capsule du cryſtallin. C'eſt à cette membrane subtile & transparente, qu'on a donné le nom de bourse, quoiqu'elle n'en ait guère la figure dans le Dindon. M. Petit prétend que son usage est d'absorber les rayons de lumière qui partent des objets qui sont à côté de la tête, & qui entrent directement dans les yeux.

Le Dindon nous vient originairement des Indes occidentales. Avant la découverte du nouveau continent, on n'en connoissoit point dans l'ancien. On en trouve une quantité prodigieuse chez les Illinois ; on les y voit par troupes de cent, quelquefois même de deux cents ; ils sont si gros, qu'il s'en rencontre qui pèsent jusqu'à soixante livres, selon Josselin. Le P. du Tertre en a vu beaucoup aux îles Antilles ; le Docteur Elonne à la Jamaïque : enfin ils habitent le Canada, le Mexique, la nouvelle Angleterre, le Bresil. Cet oiseau est actuellement naturalisé en France ; il y est même devenu des plus communs. Dans l'arrière saison, on en voit paître dans nos campagnes une si grande quantité, qu'ils paroissent former des espèces de troupeaux.

La plupart des Coqs d'Inde sont noirs ; il y en a de gris, de roux, de blancs, & d'autres panachés de toutes les couleurs. Les noirs ont sur leurs plumes un certain lustre verdâtre très-apparent vers le croupion. En les examinant dans certaines positions, on y remarque quelquefois les belles couleurs de gorge-de-pigeon. Bien des gens croient que les Dindons blancs sont les plus robustes; aussi, dans quelques Provinces, les élève-t-on par préférence : on en voit de nombreux troupeaux dans le Pertois en Champagne.

Quand le Dindon ne voit autour de lui que les objets auxquels il est accoutumé; quand il n'éprouve aucune agitation intérieure, & lorsqu'il se promène tranquillement en prenant sa pâture, la caroncule, dont nous avons parlé dans sa description, reste dans son état de construction & de repos; mais lorsque quelqu'objet étranger, inopinément surtout, paroît dans la saison des amours, cet oiseau, qui n'a rien que d'humble & de simple dans son port ordinaire, se rengorge tout-à-coup avec fierté; sa tête & son cou se gonflent;

la caroncule se déploie, & descend deux ou trois pouces plus bas que le bec, qu'elle recouvre entièrement. Toutes les parties charnues se colorent d'un rouge plus vif; en même temps les plumes du cou & du dos se hérissent, & la queue se relève en éventail, tandis que les ailes s'abaissent en se déployant jusqu'à traîner par terre. Dans cette attitude, tantôt il va piaffant autour de sa femelle, accompagnant son action d'un bruit sourd, que produit l'air de la poitrine s'échappant par le bec, & qui est suivi d'un long bourdonnement; tantôt il quitte sa femelle, comme pour menacer ceux qui viennent le troubler. Dans ces deux cas, sa démarche est grave, & se relève seulement dans le moment où il fait entendre le bruit sourd dont nous venons de parler. De temps en temps il interrompt cette manœuvre pour jeter un autre cri plus perçant, que tout le monde connoît, & qu'on peut lui faire répéter tant qu'on veut, soit en sifflant, soit en lui faisant entendre des sons aigus quelconques. Il recommence ensuite à faire la roue, qui, suivant qu'elle s'adresse à sa femelle ou aux objets qui lui font ombrage, exprime tantôt son amour, tantôt sa colère; & ces espèces d'accès seront beaucoup plus violens, si on paroît devant lui avec un habit rouge. C'est alors qu'il s'irrite & devient furieux; il s'élance, il attaque à coups de bec, & fait tous ses efforts pour éloigner un objet dont la présence semble lui être insuportable.

La femelle n'a pas la faculté de faire la roue; elle a cependant la queue double comme le mâle; elle est sans doute dépourvue de muscles relevans, propres à redresser les plus grandes plumes dont la queue supérieure est composée; elle n'a, comme nous avons déjà dit, ni éperons aux pieds, ni bouquet de crins dans la partie inférieure de son cou; elle a le barbillon de dessus le bec, & la chair glanduleuse qui recouvre sa tête d'un rouge plus pâle que le mâle, de même que sa caroncule, qui est d'ailleurs beaucoup plus courte, & incapable de s'alonger. Elle est en outre plus petite ; elle a moins de caractère dans la physionomie, moins de ressort à l'intérieur, moins d'action en dehors ; son cri n'est qu'un accent plaintif, & elle n'a de mouvement que pour chercher sa nourriture, ou pour fuir le danger ; elle a néanmoins pour ses petits la même tendresse que la poule ; elle les mene avec la même sollicitude ; elle les réchauffe sous ses ailes avec la même affection ; elle les défend avec le même courage ; il semble que l'amitié qu'elle a pour ses petits rende sa vue plus perçante.

Elle découvre l'oiseau de proie d'une distance prodigieuse, & lorsqu'il est encore invisible à tous les yeux. Dès qu'elle l'a apperçu, elle jette un cri d'effroi qui répand la consternation dans toute la couvée. Chaque Dindon se réfugie dans les buissons, ou se tapit dans l'herbe, & la mère les y retient en répétant le même cri d'effroi, autant de temps que l'ennemi est à portée: mais le voit-elle prendre son vol d'un autre côté; elle les en avertit aussi-tôt par un nouveau cri bien différent du premier, & qui est pour tous le signal de sortir du lieu où ils se sont cachés, & de se rassembler autour d'elle.

En général les Dindons sont fort craintifs; ils prennent souvent la fuite devant un animal beaucoup plus petit & plus foible qu'eux. Ils montrent néanmoins du courage en beaucoup d'occasions, sur-tout quand il s'agit de se défendre contre les Fouines & autres ennemis de la volaille. Salerne dans son ornithologie rapporte qu'il est arrivé quelquefois qu'ils ont entouré un lièvre au gîte, & qu'ils ont cherché à le tuer à coups de bec. D'ailleurs leur démarche est lente, & leur vol pesant.

Les Dindons sauvages de la Louisianne sont assez semblables aux nôtres. Ils n'en diffèrent uniquement que par leur plumage, qui est d'un gris de maure bordé d'un filet doré, ce qui les rend beaucoup plus beaux. Quand les habitans du pays veulent faire la chasse de ces oiseaux, ils examinent les endroits où il y a le plus d'orties ; ils font alors chasser leurs chiens. Les Dindons s'échappent à l'instant en courant fort vîte ; mais lorsqu'ils sont prêts d'être atteints par les chiens, ils sautent sur les branches d'arbres pour s'y percher. Les chasseurs tournent tout autour de ces arbres, & les tuent les uns après les autres, sans qu'ils craignent qu'aucun d'eux s'envole.

Le meilleur Coq d'Inde pour la multiplication de l'espèce, est celui qui a le plus de force, le plus de vivacité & le plus d'énergie dans son action. On peut lui donner jusqu'à cinq ou six Poules d'Inde. Il est à observer que s'il se trouve plusieurs mâles, ils se battent, mais avec moins d'acharnement que les Coqs ordinaires ; cependant le vaincu ne cède pas toujours le champ de bataille : quelquefois même il est préféré par les femelles. L'accouplement des Dindons se fait à peu près de la même manière que celui des Coqs (voyez l'article suivant); mais il dure plus long-temps. C'est sans doute par cette raison qu'il faut moins de femelles au mâle, & qu'il s'use beaucoup plus vîte.

Les Poules d'Inde font toutes

les années deux pontes, l'une en Février & l'autre au mois d'Août. Chaque ponte est d'environ quinze œufs. Elles peuvent néanmoins en couver jusqu'à vingt-cinq. Les œufs sont blancs, parsemés de petites taches rougeâtres mêlées de jaune.

Quelque maigre que soit le sol du pays où l'on veut élever des Dindons, & quoiqu'on ne les nourrisse pas mieux que les autres volailles, ils sont toujours plus grands que nos Poules communes, quand même ils ne feroient que pâturer, tandis néanmoins qu'on ne nourriroit nos Poules que de grains. Dans les commencemens, ces animaux donnent plus de peine que les petits des Poules communes ; ils sont plus susceptibles de froid : mais avec le temps & des soins, on vient toujours à bout d'en tirer parti. Leur jeunesse étant passée, ils deviennent même très-forts, très-vigoureux, & ils supportent très-bien les frimats de l'hiver. C'est dans les temps de gélée qu'ils engraissent le plus, en les tenant exposés au grand air. Une Fermière intelligente a assuré à M. Valmont de Bomare, Auteur du Dictionnaire d'Histoire naturelle, que l'espèce des Dindons grisâtres est la plus robuste. Elle a employé avec succès, lit-on dans ce Dictionnaire, la méthode de les plonger dans l'eau à l'instant de leur naissance. Leur tempéramment en est devenu plus fort, & elle les a toujours élevés avec la plus grande facilité. Le rédacteur de l'Encyclopédie Économique dit à-peu-près la même chose. C'est ce qu'il assure, ajoute-t-il, par la longue expérience qu'il en a. Il suffit, suivant lui, d'avoir simplement l'attention de prendre le petit Dindon au moment ou le même jour qu'il sort de la coquille; de le plonger dans de l'eau

des Oiseaux de Basse-Cour.

l'eau froide, de lui faire avaler un grain de poivre, & de le remettre ensuite aussitôt sous sa mère. En le gouvernant de la sorte, il ne craindra pas plus la rosée & la pluie qu'un Poulet ordinaire.

Quand on veut nourrir des Dindons, il en faut élever plus que moins; le profit en est pour lors plus considérable, & la dépense moindre à proportion. Étant en petit nombre, on ne les soigne pas, & ils causent pour lors du dommage, soit aux vignes, soit aux jardins, soit aux bleds; mais, si on en a beaucoup, on les rassemble en troupeau, & on en confie la garde à un Dindonnier, qui les mène paître dehors pendant tout le jour, & pour lors ils ne dépensent rien à la maison; au lieu que, si on ne les conduisoit pas aux champs, pour y trouver de la nourriture, on seroit obligé de leur donner sans cesse à manger dans la basse-cour. Ces oiseaux sont naturellement fort gourmands, & un peu de grain qu'on leur donneroit, ne leur suffiroit pas; aussi nomme-t-on ordinairement dans les basse-cours les Dindes, *des coffres à avoine*. On ne vendra donc de ces animaux que le moins que l'on pourra pendant l'été, puisque les champs leur fournissent une nourriture suffisante. Il est cependant quelquefois de l'économie de vendre sur la fin de l'été, ou au commencement de l'arrière-saison, ceux qu'on n'aura pas la peine de faire éclorre au mois de Mai, parce qu'ils sont pour lors extrêmement chers, & on se trouve par-là bien dédommagé des soins qu'il a fallu prendre pour les élever.

Voyons actuellement en quoi consistent tous ces soins. On commence d'abord par faire choix des œufs qu'on veut faire couver, & on prépare les nids. On prendra pour cet effet les mêmes précautions que pour les Poules communes : voyez le chapitre suivant. Quand la ponte des Poules d'Inde est totalement finie, elles gardent le nid ; c'est là le vrai indice qu'elles sont prêtes à couver. On leur donnera à leur première couvée quinze œufs, qui forment le nombre ordinaire de leurs pontes ; & si on les met couver une seconde fois au mois de Juillet, on leur en donnera dix-huit. Il faut un mois entier pour faire éclorre les œufs. On n'y touchera point pendant tout ce temps. On aura attention de bien nourrir les couveuses, & quand on les levera de dessus les œufs pour les faire manger & boire, ce sera le plus doucement qu'on pourra. Les Poules d'Inde sont si échauffées à couver, que la plupart se laisseroient mourir de faim, si on ne les obligeoit à manger, eussent-elles même de la nourriture devant elles. D'ailleurs, en sortant du nid pour manger, elles fientent, & s'en portent pour lors beaucoup mieux. Quand les petits sont sur le point de sortir de l'œuf, il faut les aider comme les Poussins. Voyez ce que nous en dirons au chapitre *du Coq*.

Les Poules d'Inde qu'on met couver, doivent être de deux ans. Elles font leur ponte de meilleure heure que celles d'une année; elles les couvent plutôt, & conduisent mieux leurs petits. On en fait couver plusieurs ensemble, si faire se peut, pour que les Dindons puissent venir dans le même temps. On donne pour lors à la même Dinde les Dindons des couvées des deux autres, & on emploie les dernières à couver des œufs de Poules communes ou de Canards. Par ce moyen, on peut peupler en très-peu de temps une basse-cour. On glisse les nouveaux œufs

des Oiseaux de Basse-Cour. 53

sous la couveuse, qui a encore assez de chaleur pour conduire les œufs à une bonne fin. On lui donnera pour nourriture, afin de la fortifier, de la rotie au vin, avec de l'orge & de l'avoine. La quantité des œufs qu'on peut lui donner à éclorre, peut être portée jusqu'à vingt-un ou vingt-deux. Quand on met sous la même Dinde des œufs de Poules communes & de Canards, il ne faudra mettre ceux de Poule que huit jours après ceux de Canard, pour que les petits puissent éclorre tous ensemble.

Dans la maison de campagne que mon père avoit à Marly, auprès de Metz, on faisoit couver pendant l'hiver aux Poules d'Inde des œufs de Poules communes, pour avoir des Poulets de bonne heure. Aux environs de la Toussaint, ou pendant l'Avent, on plaçoit des Dindes dans des paniers en forme de nids; après les

C iij

avoir bien enivrées, on couvroit les paniers & les Dindes d'un linge, & on n'en laissoit sortir que la tête; on plaçoit les paniers dans un endroit sombre, & on mettoit sous les Dindes des œufs factices; on enivroit deux ou trois fois par jour ces animaux, & c'est ainsi qu'on les habituoit à couver, quoiqu'elles n'eussent pas encore fait leur ponte. Lorsqu'elles y étoient une fois habituées, on substituoit aux œufs factices, des vrais œufs de Poule; & c'est par ce moyen qu'on parvenoit à avoir des Poulets pendant l'hiver.

Dès que les jeunes Dindons sont sortis de l'œuf, il faut bien les garantir du froid, qui est leur ennemi destructeur; on les met pour cet effet dans un endroit chaud, jusqu'à ce qu'ils soient devenus un peu forts: on peut cependant les laisser promener tant soit peu au soleil, pourvu qu'il ne soit pas trop ardent, car le grand soleil les tue, & la chaleur douce de cet astre bienfaisant les fortifie. Pour éviter néanmoins les effets dangereux qui pourroient provenir d'une trop grande chaleur, on les tiendra pendant un mois & demi ou deux à l'ombre, le plus chaudement qu'il sera possible. Ce temps passé, on les habituera insensiblement au soleil, mais on aura grand soin de les garantir de la pluie, car elle les morfond & les fait mourir en peu de temps : il faut manier ces jeunes animaux fort doucement, lorsqu'on est obligé, quand ils sont éclos, de les ôter de dessous la mère, ou de les y remettre, afin que la couveuse ne remue point, car d'un seul coup de patte elle peut les écraser.

La nourriture de ces petits, aussitôt qu'ils sont éclos, sont des œufs coupés menus, & mêlés avec des mies de pain ; cinq ou six jours après, on leur change infensiblement cette nourriture ; on prend alors des feuilles d'ortie, & on les hache avec les œufs; on leur donne cette nouvelle nourriture pendant huit jours, après quoi on leur retranche les œufs, & on ne leur donne plus alors que des orties bien hachées, & détrempées avec un peu de fon & du caillé, & enfuite avec de la farine d'orge & du bled noir, moulu groffiérement ; on leur donne de temps en temps un peu de millet, ou de l'orge bouillie pour leur réveiller l'appétit : quand ces animaux deviennent plus forts, c'eſt-à-dire, au bout de fix femaines, on ne leur donne plus que des orties hachées groffièrement, & mêlées avec du fon : on pourra auffi leur hacher par gros morceaux des fruits pourris, ou de ceux que le vent abat : on prétend que les raves cuites coupées menu font encore pour eux une excellente nourriture : mieux on les nourrira au commencement, & plus souvent on leur donnera de la mangeaille pendant le jour, plus ils deviendront forts : on leur en donnera par conséquent sept ou huit fois par jour, & même plus, s'il est nécessaire ; l'instinct des jeunes Dindons est d'aimer mieux à prendre leur nourriture dans la main que de toute autre manière; on juge qu'ils ont besoin d'en prendre, lorsqu'on les entend *piauler*, & cela leur arrive fréquemment.

Quand on s'appercevra que ces animaux languissent un peu, on leur fera tremper le bec dans du vin, pour qu'ils en boivent ; c'est un excellent remède pour leur faire prendre des forces ; il y a des personnes qui leur font avaler un grain de poivre, & elles s'en trouvent bien : les arraignées qu'on leur fait prendre sont, à ce qu'on dit, encore plus promptes pour les guérir que tous les autres remèdes ; aussi la plupart des Fermières n'en emploient point d'autres, quand elles voyent leurs jeunes Dindons languissants.

Quand les Dindons sont assez forts pour se passer de leur mère, on les conduit aux champs ; on prend à gage pour cet effet un petit garçon, auquel on donne le nom de *Dindonnier* ; il faut qu'il soit vigoureux, alerte, matinal & vigilant, afin d'empêcher les Dindons de s'égarer, & pour en éloigner les loups & les renards ; il vérifiera soir & matin le nombre de ses Dindons, & examinera s'ils ne sont point malades, afin d'y apporter le remède qu'il convient. Dès le matin le Dindonnier part avec son troupeau ; sur les dix heures du matin, il le ramène au logis jusqu'à une heure ou deux heures, & après le coucher du soleil, il revient à la basse-cour ; il fait pour lors jucher les oiseaux, après leur avoir jeté un peu de grain pour leur faire prendre des forces.

La Fermière fera dans ce temps la revue de ses Dindons, pour voir si le compte s'y trouve exactement. On laisse communément coucher les Dindons sur un arbre dans une cour, lorsqu'ils sont assez forts. La gelée & la neige ne les incommodent pas ; leur chair en est même plus friande en aliment, que celle des Dindons qu'on loge dans les poulaillers.

Il est rare que l'on soumette les Dindonnaux à la castration, comme les Poulets ; ils engraissent fort bien sans cela, & leur chair n'en est pas moins bonne, ce qui prouve qu'ils sont d'un tempérament moins chaud que les Coqs ordinaires. Cependant il y a quelques Provinces où on les chaponne, & on les a pour lors plus gros & plus délicats.

La manière de les engraisser est fort simple, sur-tout dans les pays de vignoble. On ne leur donne pour toute nourriture, qu'un tas de marc de raisin, dont on a extrait tout récemment par la distillation les parties spiritueuses & volatiles. On les engraissoit ainsi dans la maison paternelle, & il n'en coûtoit pour lors rien.

Dans la Provence, ils deviennent exquis & très-gras, avec des noix. On les met pour cet effet dans une mue; on leur fait avaler pendant quarante jours des noix entières avec la coque. Le premier jour on ne leur en donne qu'une, le lendemain deux, & on augmente ainsi tous les jours jusqu'au dernier. Ils en peuvent pour lors digérer quarante. Dans la plupart des autres Provinces, on leur donne beaucoup de grain pour les engraisser; on les met dans des mues, & on leur fait avaler trois ou quatre fois le jour des boulettes grosses comme de petites noix, d'une pâte composée avec des feuilles d'orties hâchées, de son & des œufs durs.

La ciguë est très-dangereuse aux Dindons. Il n'y a point de meilleur remède pour les guérir de ce poison, quand ils en ont mangé, que de leur faire avaler de l'huile d'olive. La grande digitale, à fleurs rouges, est aussi un poison pour les Dindons, ainsi que l'a observé M. Salerne. Ceux qui en ont mangé, éprouvent une sorte d'ivresse, des vertiges, des convulsions ; & lorsque la dose a été un peu forte, ils finissent par mourir éthiques. On ne peut donc apporter trop de soin à détruire cette plante nuisible dans les endroits où on élève les Dindons. On n'en sait pas encore remède ; peut-être que celui qu'on emploie contre la ciguë, pourroit aussi convenir.

Lorsque les jeunes Dindons viennent d'éclorre, ils ont la tête garnie d'un espèce de duvet, & n'ont encore ni chair glanduleuse, ni barbillons. Ce n'est que six semaines ou deux mois après, que les parties se développent, &, comme on dit vulgairement, que les Dindons commencent à pousser le rouge. Le temps de ce développement est un temps critique pour eux, comme celui de la dentition pour les enfans; & c'est alors sur-tout, qu'il faut mêler du vin à leur nourriture, pour les fortifier.

On connoît qu'un Dindon a la fièvre, quand il a les plumes de l'aîle grosses & enflées; on lui tire ces plumes, & en même temps, on lui donne du vin avec de la mie de pain de froment trempé. On lui fait boire de l'eau de

des Oiseaux de Basse-Cour.

forges sur du machefer de Maréchal. Il faut aussi hacher dans leur manger, pour 4 Dindonneaux, une demi-poignée de capillaire, appelée Sauve-vie, & autant de l'herbe nommée armoise.

Les Dindons sont encore sujets à avoir une vessie sous la langue, ou sous le croupion ; il faut la percer délicatement avec une épingle. Les ongles sont une autre maladie de ces animaux. Ils ont pour lors la tête enflée ; c'est le vrai symptôme. Quand on s'en apperçoit, on la leur lave avec de l'eau de forges, & on les examine tous les jours fort exactement, parce qu'il ne faut que deux jours, pour que cette maladie les fasse mourir. L'orviétan est très-bien indiqué dans ce cas. On pourra aussi leur donner à manger les mêmes herbes que nous avons indiquées, lorsqu'ils ont la fièvre.

Quand ces animaux sont malades, il faut avoir grand soin de les séparer d'avec ceux qui sont sains. On les doit même laisser ainsi séparés pendant trois ou quatre jours, jusqu'à ce qu'ils mangent bien, car ils se communiquent très-facilement leur mal. Une autre attention qu'il faut aussi avoir, c'est de ne point laisser partir les Dindons de leurs étables, jusqu'à ce que le soleil ait dissipé la rosée & les brouillards, sur-tout lorsque ces animaux sont encore jeunes, foibles & délicats; la pluie leur est très-préjudiciable, & les fait souvent mourir.

L'Auteur du Guide du Fermier observe qu'il faut prendre garde de ne point laisser manger aux jeunes Dindons des limaçons & des limaces. Ils en auroient, dit cet Auteur, un flux de ventre qui leur causeroit la mort. Le même Auteur recommande expressément de donner à chacun des jeunes

Dindons, aussi-tôt qu'ils sont éclos, un grain de poivre avec un peu de lait; il veut aussi qu'on leur apporte tous les jours, depuis le moment de leur naissance, jusqu'au temps où on les peut exposer impunément au grand air, un nouveau gazon verd, pour qu'ils puissent se promener dessus, & y becqueter.

La camomille puante, le petit glouteron, l'ortie, le fénouil, l'absynthe, l'armoise, le capillaire, sont les plantes favorites des Dindons. Ils mangent aussi des herbes communes, telles que la laitue, la poirée, les feuilles de choux, & toutes sortes de fruits.

On peut faire couver à des Poules communes les œufs de Poules d'Inde; mais pour lors il faut leur donner un lit de paille fait exprès, le garnir de foin, y mêler un peu de laine, pour lui communiquer de la chaleur, après l'avoir fait passer par un four assez chaud.

Les Dindons aiment d'être menés dans les bois. Ils s'y plaisent infiniment; ils y trouvent une infinité de vermisseaux & d'insectes qu'ils mangent avec plaisir, & leur chair y acquiert une qualité d'un goût bien supérieur à celle des autres qu'on n'y mène pas; mais il faut pour lors veiller que les animaux carnaciers n'en fassent leur proie. Il est bon d'avoir quelques chiens qui fassent la garde autour. Ceux qui ont des parcs fermés de murailles, ont une grande facilité pour élever des Dindons, du moins pour la provision du maître & celle de la maison. La liberté qu'ils ont d'aller & venir à leur gré, de hucher par-tout où il leur plaît, & de coucher au grand air, semble les remettre dans leur climat originaire. On ne doit pas cependant les y laisser couver, & les y élever dès leur première jeunesse;

il faut attendre qu'ils soient un peu forts.

Les habitans de la Louisiane tressent les petites plumes des Coqs d'Inde, pour se faire des couvertures pour l'hiver, & ils se servent de la queue pour faire des éventails & des parasols.

Les Dindons, & sur-tout les Dindonneaux, s'apprêtent en cuisine de bien des manières. La chair du mâle est plus délicate que celle de la femelle. Un Dindon jeune, tendre, gras & bien nourri est un bon manger. Quand il est un peu vieux, sa chair est dure, coriace & difficile à digérer. Le Dindon convient assez à toutes sortes d'âge & de tempérament.

On connoît qu'un Dindon est jeune, lorsqu'il a les pattes noires & douces, & lorsque ses ergots sont courts. Un vieux Coq d'Inde a toujours les yeux enfoncés & les ergots durs & secs. Quant aux œufs de Poules d'Inde, il eſt très-avantageux qu'ils ne ſoient pas aſſez communs pour devenir notre nourriture ordinaire, s'il eſt vrai, comme quelques-uns le prétendent, qu'ils ſoient mal ſains, & qu'ils donnent la gravelle. Au reſte, on n'y remarque aucun goût qui indique ſenſiblement une qualité malfaiſante. Ils tournent en lait, comme ceux des Poules. Étant durs, les uns & les autres, ils paroiſſent abſolument les mêmes, ſi ce n'eſt que le jaune d'œuf de Poules communes a une ſaveur onctueuſe, qui manque en partie dans celui de la Poule d'Inde. Pour ce qui eſt des autres propriétés des Dindons, elles ſont à-peu-près les mêmes que celles de la volaille ordinaire.

CHAPITRE TROISIÈME

DU COQ ET DE LA POULE.

Comme ce chapitre est très-étendu, & qu'il renferme lui seul tout ce qui se trouve de plus intéressant dans cet Ouvrage, nous le diviserons en plusieurs articles. Dans le premier, nous traiterons du Coq; dans le second, du Chapon; dans le troisième, de la Poule; dans le quatrième, de la Poularde; dans le cinquième, des œufs; & dans le sixième enfin, des Poulets & de la manière de les élever.

Article I.

Du Coq.

Le Coq est un oiseau domestique, qui, au milieu de son serrail de Poules, se fait remarquer par la beauté de sa taille, par sa démarche fière & majestueuse, par ses longs éperons aux pattes, par sa crête charnue, dentelée, d'un rouge brillant, par ses pendans sous le menton, par la richesse & la variété des couleurs de son plumage, & par le contour agréable des plumes de sa queue, qui sont posées verticalement. Les principales plumes de ses aîles sont au nombre de vingt-sept, y comprises les plus petites. Sa queue est composée de vingt-quatre; les deux du milieu sont très-longues, & également réfléchies en forme de croissant.

Les Coqs étant des animaux domestiques, varient singulièrement par les couleurs; aussi en voit-on de toutes les nuances. Le Coq de Caux ou de Padoue est beaucoup plus grand & plus gros que le Coq ordinaire. Le Coq Nain est à-peu-près de la grosseur du nôtre;

mais ses jambes sont fort courtes. Le Coq pattu est un Coq Nain ; ses pieds sont couverts de plumes jusqu'à l'origine des doigts. Le Coq de Bantome est encore un Coq de l'espèce des Nains. Il est également pattu, mais seulement du côté extérieur ; & les plumes de ses jambes sont très-longues. Ce Coq est plein de courage & de hardiesse ; il se bat même contre d'autres plus grands que lui. Le Coq frisé a toutes ses plumes retournées en haut, & comme frisées. Le Coq de Mosambique a presque toujours le plumage noir, de même que la crête, la barbe, l'épiderme & le périoste. Toutes ces parties sont tellement colorées, que, quand elles sont courtes, on diroit qu'elles ont bouilli dans de l'azur. En Perse, il y a une espèce de Coq qui ressemble au nôtre par la grandeur, la grosseur & la variété du plumage ; mais il n'a point de croupion, & par conséquent point de queue. M. de Réaumur est le premier qui en ait vu en France. On élève actuellement dans nos basse-cours des Coqs huppés de Numidie. C'est une très-belle espèce de Coqs. Ils sont beaucoup plus grands que nos Coqs ordinaires ; ils n'ont presque point de crête ; mais en revanche, ils ont sur la tête une huppe considérable de plumes. Le plumage de ces sortes de Coqs approche pour l'ordinaire du plumage du Faisan mâle.

Le Coq annonce par son chant les heures de la nuit & la pointe du jour. Les gens de campagne n'ont souvent point d'autres horloges, & les Mythologistes le regardent, pour cette raison, comme le symbole de la vigilance. Les Naturalistes ont observé que, de tous les oiseaux de chant, le Rossignol & le Coq sont les seuls qui chantent pendant la nuit. La voix ne se

forme

forme pas dans le Coq vers le larynx comme dans les autres animaux ; mais feulement au bas de la trachée artère, vers la bifurcation. Nous devons cette obfervation à feu M. Duverney, un des plus grands Anatomiftes de la France.

L'oifeau dont nous parlons dans cet article, eft des plus lubriques. Il prend fes ébats en plein air ; à peine le Poulailler eft-il ouvert, qu'il court auffitôt après les Poules ; il les pourfuit, & les fubjugue. Il coche, dit-on, fes Poules jufqu'à cinquante fois par jour. C'eft ce qui l'épuife bien vîte, & le rend en peu de temps incapable d'engendrer. Il règne un proverbe, qu'un bon Coq ne doit jamais être gras, & qu'il doit fuffire à douze Poules. Il pourroit cependant en féconder un plus grand nombre. L'Auteur du Dictionnaire Économique dit en avoir vu un, âgé de

D

deux ans, féconder habituellement les œufs de trente-trois Poules, ensorte qu'il en provenoit constamment des Poulets. Il étoit néanmoins toujours éveillé & vigoureux. Cet oiseau est capable d'engendrer à trois mois, si on en croit le Rédacteur du Dictionnaire Encyclopédique. Il règne en Souverain parmi ses Poules. Il aime singulièrement ses sujettes; il veille avec assiduité à leur conservation. A-t-il trouvé quelques grains, il les appelle; il s'en prive pour elles. Pour qu'un Coq soit propre à la génération, il faut qu'il ait une taille moyenne, approchant cependant plutôt de la grande que de la petite; que son plumage soit noir, ou d'un rouge obscur; la poitrine large, & son cou élevé, sur lequel paroissent des plumes de différentes couleurs; ses cuisses doivent être grosses, bien couvertes de plumes, & ses pieds gros,

& armés de forts ergots. Un bon Coq se connoît encore à son bec court & gros; à ses yeux noirs ou rouges, & étincelans; à ses oreilles blanches & larges; à sa barbe longue & pendante; à sa crête droite & fort découpée; à ses aîles fortes, & à sa queue élevée & recourbée jusques vers le dessus de la tête. En général, il faut qu'il soit éveillé, ardent, beau chanteur; qu'il aime en outre ses Poules, qu'il les défende, & qu'il les sollicite à manger. Les Poules qui n'ont pas eu de commerce avec les Coqs, pondent des œufs qui ne sont pas bons pour être couvés. Ces sortes d'œufs fournissent même un aliment moins sain que ceux qui ont été fécondés.

Les Coqs sont fins & courageux; ils se battent avec opiniâtreté. Ces combats sont fort du goût des Anglois, de même que de plusieurs autres peuples. On les annonce par des cris publics, & ils se font au milieu d'un amphithéâtre où l'on s'assemble en foule. Dans ces sortes de spectacles, il y a quelquefois des gageures considérables, & l'argent déposé appartient ordinairement à ceux dont les Coqs remportent la victoire. Il se trouve des Coqs si belliqueux, qu'ils aimeroient mieux mourir, que de se laisser vaincre, ou de se sauver par une fuite ignominieuse. Il y a quelque temps qu'il y avoit à Chester en Angleterre deux Coqs très-beaux, qui s'étoient souvent signalés dans le cirque; mais qu'on n'avoit jamais présentés l'un contre l'autre. On voulut enfin savoir lequel des deux étoit le plus fort. Chacun des spectateurs s'intéressa pour les deux combattans; mais les deux Coqs se regardèrent, &, malgré l'attente du public, ils ne se battirent point. On leur jeta alors quelques grains de bled, pour les irriter; ils n'en furent pas moins

des Oiseaux de Basse-Cour. 77

tranquilles. Ils mangèrent ensemble, & se promenèrent ensuite paisiblement. On mit au milieu d'eux une Poule, pour exciter entr'eux la jalousie, & rompre par-là l'intelligence qui régnoit entr'eux ; mais on n'y réussit pas. Ils caressèrent tour-à-tour la Poule, & toujours sans jalousie. Le Directeur des jeux ne pouvant rien gagner, les sépara, & il leur teignit les plumes, afin que, sous ce déguisement, ils ne se reconnussent plus ; mais ces deux Coqs, quoique ainsi déguisés, ne violèrent pas pour cela la paix qui les unissoit. On présenta en dernier lieu de nouveaux Coqs à chacun d'eux. Ils devinrent à l'instant même furieux ; ils combattirent à toute outrance, & battirent leurs Adversaires. Quand ils furent bien irrités, on retira les Coqs étrangers, & on les laissa seuls sur l'arène. Ils demeurèrent encore

D iij

amis, & furent aussi paisibles qu'ils l'avoient été auparavant.

Lorsqu'on veut donner aux Poules un nouveau Coq, on l'attache par la patte pendant quelques jours; on assemble autour de lui toute sa basse-cour ; on le défend contre les autres Coqs. On accoutume ainsi ces Coqs à le souffrir, & les Poules à le voir. Il se trouve des Coqs, qui, par trop de chaleur, ou autrement, ne font que coquetter autour des Poules, gratter la terre, & qui sont toujours prêts à se débattre, & à détourner les autres. Ces sortes de Coqs sont impuissans, tant que dure cette vivacité. Pour la calmer, on leur fait passer le pied dans le milieu d'un morceau de cuir taillé en rond, & percé au milieu. Cette chaussure rend l'oiseau honteux & tranquille.

Aldrovande prétend que cet oiseau peut vivre dix ans. On ne peut néanmoins rien dire de précis sur cet objet; on n'attend pas ce temps dans les basse-cours pour le tuer.

Le Coq a la vue perçante; il jette des cris d'effroi, dès qu'il découvre en l'air quelques oiseaux carnaciers.

On trouve quelquefois dans le nid des Poules un petit œuf gros comme celui d'un Pigeon, qu'on appelle improprement œuf de Coq, parce qu'on croit que c'est le Coq qui l'a pondu; mais, rien d'aussi faux. Voyez ce que nous en dirons à l'article des œufs.

On a donné vivant à M. de Réaumur un jeune Coq qui avoit quatre pattes. Ce Coq étoit naturellement gai; il chantoit bien & souvent; en un mot, il avoit un air de santé & de vigueur. Mais ses deux pattes surnuméraires se trouvant attachées ensemble, près de l'anus, & étant suspendues en l'air, lui étoient plus préjudiciables qu'utiles. Il marchoit un peu de travers; il ne pouvoit cocher les Poules, dont il recherchoit la compagnie, & à tout instant il s'accrochoit par ses pieds postiches, qui étoient plus pâles, plus courts & plus ménus que les deux autres.

On voit quelquefois dans les basse-cours des Coqs cornus; les uns le sont naturellement, les autres par artifice. M. Duhamel, dans un de ses Mémoires, explique très-bien en quoi consiste cet artifice; la crête des Coqs est, dit-il, attachée à leur tête par une large base, qui s'étend depuis la partie supérieure de l'os occipital jusqu'à l'origine du bec. Si l'on coupe cette crête à un travers de doigt des os du crâne, elle forme pour lors à sa partie postérieure un bourrelet assez épais, & après avoir fait une anse, qui laisse un vuide au milieu, les deux côtés se rapprochent en devant,

des Oiseaux de Basse-Cour. 81

n'étant joints que par le filet cellulaire ; c'est dans le vuide de la duplicature de la crête, qu'on place un jeune ergot, qui n'est alors pas plus gros qu'un petit grain de chenevis, & qu'on a coupé au pied d'un poulet ; si l'on détache la peau au-dessous des orbites, & si on la disseque en remontant vers le sommet de la tête, il semble que la crête ne soit qu'une prolongation de la peau qui s'épaissit en cet endroit, & que la peau des deux côtés de la tête, après avoir formé cette prétendue duplicature, se réunit un peu au-dessous de la partie de la crête qui est frangée, où l'on n'apperçoit plus de duplicature ; néanmoins la crête est fort adhérente au crâne, & sa substance est différente de celle de la peau, puisqu'elle est plutôt cartilagineuse que membraneuse. M. Duhamel a attentivement examiné si la crête des Coqs, qui est quelquefois d'une

D v

grosseur surprenante, étoit retenue par des ligamens, il n'en a apperçu aucun ; il a seulement observé qu'elle étoit si adhérente au crâne, qu'on ne pouvoit l'en séparer sans couper une partie de la substance de la crête. Cet Académicien, après avoir donné en abrégé l'anatomie de la crête de Coq, passe à la prétendue greffe de l'ergot : il fit couper à cet effet la crête à plusieurs jeunes Coqs, & il fit placer un petit morceau de leurs ergots dans la cavité qui est à la partie intérieure & postérieure de la base de la crête ; plusieurs de ces ergots tombèrent par le mouvement de la tête des coqs ; mais au bout de quinze jours ou de trois semaines, ceux des ergots, qui étoient restés sur la tête des Coqs, y avoient contracté une union assez parfaite, pour que les ergots, qui avoient été appliqués dès le mois de Juin, & qui n'étoient pas pour lors plus gros qu'un grain de chenevis, eussent acquis près d'un demi pouce de longueur à la fin de Décembre de la même année. M. Duhamel ajoute qu'il a eu des Coqs, qui au bout de trois ou quatre ans avoient sur la tête des ergots, qui auroient pu avoir plus de quatre pouces de longueur, s'ils avoient été redressés ; un Auteur dit avoir vu sur la tête d'un chapon une pareille corne, qui avoit neuf pouces de longueur. M. Valmont rapporte dans son Dictionnaire d'Histoire naturelle, qu'il a vu en 1764, à Paris, un Coq, que l'on disoit originaire d'Afrique ; du milieu de la crête de ce Coq sortoient deux cornes jaunâtres, creuses, cannelées, longues de trois pouces & demi, évasées & arquées comme celles des Chamois ; les ergots étoient gros & fort longs ; les cornes ont paru à M. Valmont de Bomare naturellement implantées sur la tête de l'oiseau. M. Duhamel a disséqué de ces cornes, & cette dissection lui a donné lieu de faire plusieurs observations : 1°. on apperçoit à l'extérieur un bourrelet calleux, qui embrasse la base de la corne, & en disséquant la peau, on voit qu'elle aboutit à ce bourrelet : 2°. quand on a enlevé la peau, & détruit une partie de ce bourrelet, on découvre une espèce de ligament capsulaire, qui empêche d'appercevoir l'insertion, ou plutôt l'articulation de la corne avec le crâne : 3°. quand on a enlevé avec précaution cette espèce de ligament capsulaire, on découvre plusieurs bandes ligamenteuses qui partent de la corne, vont aboutir, les unes aux fosses nasales, les autres à la partie supérieure des orbites, ou à différens endroits de l'os occipital ; les ligamens ne vont pas aboutir constamment aux mêmes endroits, & ne sont pas en aussi grand nombre dans tous les Coqs; cependant M. Duhamel a conſtamment apperçu dans ceux qui avoient de grandes cornes une forte bande ligamenteuſe, qui d'un bout s'inſéroit dans la partie cornée du bec, & répondoit de l'autre au centre de la baſe de la corne: 4°. quand on a détruit tous les ligamens, excepté celui qui croît au bec, la corne ſe détache aſſez aiſément du crâne, & en la renverſant vers le bec, on apperçoit ſous la baſe de cette corne des cavités articulaires, & ſur le crâne des éminences correſpondantes; alors toute la ſubſtance cornue ſe détache d'un noyau oſſeux pyramidal, quelquefois terminé par pluſieurs pointes, qui reſtent adhérentes à la bande ligamenteuſe qui aboutit au bec : 5°. ce noyau oſſeux, qui n'eſt pas fort compact, eſt recouvert d'une membrane aſſez ſemblable au périoſte, mais qui est en plusieurs endroits sanguinolent : 6°. la partie cornée étant détachée de son noyau, a la figure d'une défense d'éléphant, étant creuse & minée par le bas, & pleine vers le bout d'enhaut dans plus de la moitié de sa longueur. M. Duhamel en mit tremper une pendant quelque-temps dans l'esprit-de-vin ; il désunit tellement les couches cornues, qu'on pouvoit en détacher un grand nombre.

Le Coq n'est pas si estimé pour aliment que le Chapon ; on n'en fait même que rarement usage, & en effet cet oiseau est un animal fort lascif, qui abonde en esprits & en humeurs séminales, dont il fait une fréquente déperdition par la grande chaleur où il est continuellement ; de-là vient que sa chair est seche, qu'elle a peu de goût, & qu'elle est difficile à digérer. La seule partie de cet animal qu'on employe dans les cuisines est la crête; on en fait d'excellens ragoûts, qui ne conviennent nullement aux personnes qui ont un estomac & des sucs digestifs peu actifs.

On se sert quelquefois du Coq pour les bouillons & gelées; le Coq le plus vieux est le meilleur dans cette occasion; on attribue à ces sortes de bouillons une vertu apéritive & détersive; ils lâchent un peu le ventre, ils nourrissent, ils fortifient; on donne comme un restaurant puissant le jus de Coq: il se prépare de la manière suivante: on en choisit un vieux, on le fatigue en le faisant courir dans une chambre, jusqu'à ce qu'il tombe de lassitude, on l'égorge, on le plume & on le vuide de ses entrailles; après quoi on le fait cuire au bain-marie pendant sept ou huit heures dans un vaisseau bouché exactement avec de la pâte, jusqu'à ce que la chair quitte les os ; on coule ensuite le tout avec une forte expression, & on met une cuillerée de ce jus dans chaque bouillon du malade qu'on veut fortifier ; quand on veut donner plus de vertu à ce jus, on ajoute, pour le faire, de la chair de vipères ; lorsqu'il y a quelque indication à remplir, outre celle de fortifier le malade ; on peut farcir le Coq avec des médicamens appropriés, tels que les plantes béchiques, les antiscorbutiques, les sudorifiques ; ces sortes de consommés sont très-efficaces dans les convalescences après de longues maladies.

La gelée de Coq est une autre préparation qu'on fait avec cet animal ; elle est très-nourrissante, & en même-temps corroborative ; on coupe un Coq par morceaux, on y ajoute des pieds de veau, de mouton, ou un morceau de jarret de bœuf : on fait ensuite bouillir le tout pendant sept ou huit heures au bain-marie dans un vaisseau lutté exactement avec de la pâte ; on passe ensuite le tout avec expression, & on le garde dans des tasses de fayence, où il se fige en forme de gelée. On aromatise ordinairement cette gelée avec une cuillerée de sucre, du jus de citron, & quelques goutes d'eau de canelle ou de fleurs d'orange pour en ôter la fadeur ; on prescrit cette gelée à la cuillerée pendant l'intervalle des bouillons.

Les Auteurs prétendent que le cerveau du Coq a la vertu d'arrêter les cours de ventre ; il se prend pour lors dans du vin ; on se sert encore de ce cerveau pour frotter les gencives des enfans ; on prétend qu'il facilite alors la dentition. Les parties génitales du Coq augmentent & excitent *l'aura seminalis*, disent encore quelques Auteurs ; elles disposent, suivant eux à la génération ; on les fait pour cet effet sécher & pulvériser, & on les donne intérieurement à la dose d'un gros dans un verre de bon vin. Le sang du Coq & l'esprit volatil qu'on en tire par la distillation passent aussi pour avoir la même vertu ; on conseille comme un excellent spécifique pour raffermir & fortifier l'estomac, la tunique interne du gésier de cet oiseau desséchée & pulvérisée ; elle est aussi très-bonne pour arrêter les vomissemens & les cours de ventre ; on en fait pareillement usage contre la colique néphrétique & la suppression des règles ; la dose est depuis un scrupule jusqu'à un demi-gros dans une liqueur appropriée. La poudre du gésier du Coq prise dans du vin est très-vantée contre l'écoulement involontaire des urines, tant de jour que de nuit, même celui qui vient quelquefois à la suite d'un accouchement laborieux, & qui est cependant le plus difficile à guérir ; la tunique interne du gésier a passé aussi anciennement pour avoir cette propriété. On se sert de fiel de Coq en liniment pour enlever les taches des yeux. Quant à sa graisse, elle est émolliente, anodine, nervale & résolutive ; elle convient en liniment aux fissures des lèvres, aux pustules des yeux. Le Coq étoit autrefois la victime du sacrifice qu'on faisoit à Esculape, lorsqu'on guérissoit d'une maladie.

ARTICLE II.
Du Chapon.

On donne le nom de Chapon à un jeune Coq, auquel on a arraché les deux testicules, pour qu'il ne s'épuise point par les plaisirs, qu'il acquière plus d'embonpoint, & que sa chair en devienne plus délicate. Le Coq perd sa voix par cette opération ; on peut conclure de-là qu'il y a un rapport intime, quoique caché, entre l'organe de la voix & les testicules de cet animal. Ce qui prouve encore plus cette proportion, c'est qu'un Coq qui n'a été châtré qu'à demi, a un reste de voix grêle, qui n'a point la plénitude du son de celle du Coq ; aussi l'appelle-t-on Cocâtre, & effectivement il n'est ni Coq ni Chapon, & il est de la plus grande ridiculité de s'imaginer avec certaines femmes, que si l'on fait avaler à un jeune Coq qui vient d'être chaponné ses testicules en tout ou en partie, il redevient tel qu'il étoit avant l'opération, ou du moins Cocâtre, comme si les testicules avalés pouvoient aller reprendre leur place dans le corps de l'animal.

Pour chaponner les jeunes Coqs, on attend qu'ils ayent trois mois. On leur fait une incision proche les parties génitales, on enfonce le doigt par cette ouverture, & on emporte adroitement les testicules; on coud ensuite la plaie, on la frotte avec de l'huile, on jette ensuite par-dessus des cendres; après quoi on les tient renfermés pendant trois ou quatre jours, ensuite on les lâche; on coupe ordinairement la crête aux Chapons. Une observation à faire, c'est que les poulets de l'arrière-saison ne valent rien pour faire des Chapons; pour qu'ils deviennent beaux, il faut que les jeunes Coqs soient en état d'être chaponnés avant la S. Jean. Après l'opération, cet oiseau est triste & mélancolique pendant quelques jours; il semble sentir l'importance de la perte qu'il a faite. La gangrène survient quelquefois au jeune Chapon, lorsqu'on l'a châtré dans un temps trop chaud, ce qui tue le Chapon; il meurt aussi quelquefois quand on l'a mal châtré.

La méthode de châtrer les poulets est très-ancienne; il en est parlé dans le Deuteronôme. On la pratiquoit à Rome; il y eut même une loi qui défendoit de châtrer les poulets, & ce fut pour éluder cette loi qu'on chaponna les jeunes Coqs.

Les Chapons rendent dans les basse-cours de grands services, on les y dresse à conduire & à élever les poussins, quand on ne veut pas laisser perdre de temps aux poules; on choisit à cet effet un Chapon vigoureux, on le plume dessous le ventre, on lui pique la partie plumée avec des orties, & on l'enyvre avec du pain trempé dans du vin; on réitère cette cérémonie deux ou trois jours de suite, après quoi on met le Chapon sous une cage, avec deux ou trois Poulets un peu grands. Ces Poulets, en lui passant sous le ventre, adoucissent la cuisson de ses piqûres. Ce soulagement habitue à les recevoir; il s'y attache ensuite, il les aime, il les conduit, & quand même on lui en donneroit un plus grand nombre, il les reçoit, les couvre de ses aîles, les élève & les garde plus long-temps que la mère n'auroit fait. M. de Buffon en parlant du Chapon, s'exprime ainsi: Le Coq qui a subi l'opération de la castration, dit ce Naturaliste, prend désormais plus de chair, & sa chair, qui devient plus succulente & plus délicate, donne aux Chymistes des produits différens de ceux qu'elle eût donnés avant cette opération, & en effet on lit dans les Mémoires de l'Académie, année 1730, que l'extrait tiré de la chair du Chapon dégraissé, est un peu moins du quatrième du poids total; au lieu qu'il en fait un dixième dans le Poulet, & un peu plus du septième dans le Coq. De plus l'extrait de la chair du

Coq est très-sec, au lieu que celle du Chapon est difficile à sécher. Le Chapon n'est presque plus sujet à la muë, de même que le Cerf qui est dans le même état, ne quitte presque plus son bois. Il n'a plus le même chant, ainsi que nous l'avons déjà observé; sa voix devient enrouée, & il ne la fait entendre que rarement. Traité durement par les Coqs, avec dédain par les Poules, privé de tous les appetits qui ont rapport à la reproduction, il est non-seulement exclus de la société de ses semblables, il est encore, pour ainsi dire, séparé de son espèce. C'est un être isolé, hors d'œuvre, dont toutes les facultés se replient sur lui-même, & n'ont pour but que sa conservation individuelle. Manger, dormir & s'engraisser; voilà désormais ses principales fonctions, & tout ce qu'on peut lui demander. Cependant avec un peu d'industrie, on

des Oiseaux de Basse Cour. 97

on peut tirer parti de sa foiblesse même, & de sa docilité qui en est la suite, en lui donnant des habitudes utiles; celle, par exemple, que nous venons de rapporter, qui est de conduire & d'élever les jeunes Poulets. La mère-Poule, débarrassée de ce soin, se remettra plutôt à pondre; & de cette manière, les Chapons, quoique voués à la stérilité, contribueront encore indirectement à la conservation & à la multiplication de leur espèce.

On donne aux Chapons, pour les engraisser, de l'orge ou du froment, ou du son bouilli, ou bien on leur donne une pâte faite avec de la farine de maïs; le sarrasin les engraisse aussi très-bien, de même que toutes les volailles. Quand on les veut engraisser vîte, on les met sous une muë; on leur fait de la litière neuve tous les jours, & on les empâte de boulettes faites avec du gruau & du lait. Avant

E

de les leur faire avaler, on roulera les boulettes dans de la cendre fine, afin qu'ils n'étouffent pas.

Un Chapon engraissé suivant cette méthode, est un aliment d'un très-bon suc. Il nourrit, restaure, & se digère facilement. Le bouillon qu'on fait avec sa chair, est très-propre à retablir les forces. Un Chapon, pour qu'il soit bon, doit avoir une grosse veine à côté de l'estomac, la crête polie, le ventre & le croupion gros. Lorsqu'il est nouvellement tué, il est ferme, & on a de la peine à en faire sortir du vent. On estime le foie du Chapon, comme un manger exquis. Un vieux proverbe François dit qu'un *Chapon de huit mois est un manger de Roi.*

Les apprêts de Chapons les plus salutaires à l'homme, sont, sans contredit, le *Chapon à la broche,* le *potâge de Chapon au riz,* à la *chicorée,* & *l'eau de Chapon.* On peut permettre même aux convalescens ces sortes d'apprêts. En général, le Chapon bouilli & le Chapon roti sont des préparations alimentaires très-saines. Dans le Chapon, la poitrine passe pour le meilleur endroit; les cuisses & les ailes vont après.

La graisse de Chapon est fort émolliente; on l'emploie à l'extérieur dans la médecine.

ARTICLE III.
De la Poule.

Les Poules sont du nombre des animaux domestiques les plus précieux, à cause du tribut qu'elles nous donnent tous les jours. Leur fécondité est admirable; mais cette richesse de production tarit vers la fin de l'automne & en hiver. Le port de leurs queues est particulier à ce seul genre d'oiseau; & il nous paroîtroît très-singulier, si nous le voyions pour la première fois: elles sont les seules dont la queue est dans un plan vertical, & pliée en deux parties égales.

Les Poules nous présentent une multitude de variétés. Il s'en trouve, entre autres, huit ou neuf espèces, qui ont des caractètes marqués différens; 1° les *Poules de Caux*, de Bruges, de Mirebalais, qui sont haut montées; 2° les *Poules à jambes courtes*, appelées aussi *pieds-courts*; 3° les *Poules naines*; 4° les *Poules frisées*, appelées mal-à-propos *porte-laine*, dont les plumes sont réfléchies vers la tête; 5° les *Poules Négresses*, qui nous viennent de Guinée & du Sénégal: elles ont les os noirs, la crête & la peau noires, & la chair blanche; 6° les *Poules sans queue*, & même *sans croupion*, dites ailleurs des *culs-nuds*; 7° les *Poules qui ont cinq doigts* à chaque pied, trois antérieurs & deux postérieurs;

8° les *Poules* dont la tête est ornée d'une huppe: elles sont belles, haut-montées, & on les nomme *Poules huppées*; 9° les *Poules pattues*, qui ont des plumes jusqu'à l'extrémité des pattes.

La race des Poules huppées est celle que les Curieux ont le plus cultivée; &, comme il arrive à toutes les choses qu'on regarde de très-près, ils y ont remarqué un grand nombre de différences, sur-tout dans les couleurs de plumage, d'après lesquelles ils ont formé une multitude de races diverses, qu'ils estiment d'autant plus, que leurs couleurs sont plus belles ou plus rares, telles que les dorées & les argentées, la blanche à huppe noire, & la noire à huppe blanche, les agathes & les chamois, les ardoisées ou Périnettes, celles à écaille de poisson & les herminées. La Poule veuve qui a de petites larmes blanches sur un fond rembruni, la Poule couleur de feu & la Poule pierrée, dont le plumage fond-blanc est marqueté de noir, ou de chamois, ou d'ardoise, ou de doré.

Les Poules peuvent subsister partout avec la protection de l'homme; aussi sont-elles repandues sur tout le monde habité. Les gens aisés en élèvent en Islande, où elles pondent comme ailleurs, & les pays chauds en sont pleins. On prétend néanmoins que la Perse est le pays primitif des Poules. Quoi qu'il en soit, dit M. de Buffon, il n'est pas douteux, qu'à mesure que ces oiseaux se sont éloignés de leur pays natal, ils se sont accoutumés à un autre climat, à d'autres alimens. Ils ont dû éprouver quelque altération dans leur forme, ou plutôt dans celles de leurs parties qui en étoient les plus susceptibles; & c'est de-là, sans contredit, que sont provenues ces variétés qui constituent les différentes races dont

des Oiseaux de Basse-Cour. 103

nous venons de parler ; variétés qui se perpétuent constamment dans chaque climat, soit par l'action continuée des mêmes causes qui les ont produites d'abord, soit par l'attention qu'on a d'assortir les individus destinés à la propagation.

Quand on achète des Poules, pour peupler une basse-cour, il faut s'arreter à celles qui sont d'une moyenne taille, & qui ont la tête haute & grosse, la crête bien rouge & pendante d'un côté (Pline & d'autres Naturalistes donnent la préférence à la crête double & droite), l'œil vif, le cou gros, la poitrine large, le corps gros & quarré, les jambes jaunâtres, le plumâge noir, ou tanné, ou roux, ou pommelé de noir ou de blanc. On fait peu de cas des grises, & encore moins des blanches, parce qu'elles ne sont ordinairement ni fécondes, ni d'un bon suc, &

E iv

qu'elles sont plus exposées que les autres aux ravages des oiseaux de proie, à cause de leur plumage, qui est d'une couleur plus voyante. Lorsqu'une Poule est jeune, elle a les ergots courts & en bon état ; mais il se trouve des Marchands trompeurs, qui les parent & les grattent, pour duper. Une marque sûre de jeunesse, tant à l'égard de la Poule que du Coq, est que la crête & les jambes soient douces ; car elles sont rudes quand les animaux sont vieux.

Les Poules ergotées, c'est-à-dire, celles qui ont des ergots aux jambes, comme le Coq, doivent être totalement rejetées. Elles pondent rarement, sont farouches, cassent leurs œufs, quand on les met couver, & les mangent quelquefois, par impatience pour quitter leur nid. On rejetera pareillement celles qui grattent, ou qui chantent, & appellent, comme

des Oiseaux de Basse-Cour. 105

les Coqs; celles qui ont plus de quatre ou cinq ans, parce qu'elles sont pour lors vieilles, & qu'elles ne peuvent plus couver ni pondre; celles qui sont malignes, acariâtres, querelleuses, parce qu'elles ne pondent presque jamais, qu'elles abandonnent leur couvée, & cassent leurs œufs; celles qui sont trop grasses, parce qu'elles ne pondent plus; en un mot, toutes celles qui ne veulent pas couver, qui perdent leurs œufs, ou qui les cassent & les mangent.

Les Poules n'ont pas besoin de Coq, pour produire des œufs; il en naît sans cesse de la grappe, comme de l'ovaire, lesquels, indépendamment de toute communication avec le mâle, peuvent y grossir; & en grossissant, acquierrent leur mâturité; se détachent de leur colier, & de leur pédicule, parcourent l'*oviductus* dans toute sa longueur; chemin faisant, s'af-

E v

similent, par une force qui leur est propre, la lymphe dont la cavité de cet *oviductus* est remplie, en composent leur blanc, leurs membranes, leurs coquilles, & ne restent dans ce viscère, que jusqu'à ce que ses fibres élastiques & sensibles étant gênées, irritées par la présence de ces corps, devenus désormais des corps étrangers, entrent en contraction, & les poussent au dehors, les deux bouts le premier, selon Aristote & M. de Buffon.

Ces œufs sont tout ce que peut faire la nature prolifique de la femelle seule & abandonnée à elle-même. Elle produit bien un corps organisé, capable d'une sorte de vie ; mais non pas un animal vivant, semblable à sa mère, & capable lui-même de produire d'autres animaux semblables à lui. Il faut, pour cela, le concours du Coq, & le mélange intime des liqueurs séminales des deux sexes. Quand une fois ce mélange a eu lieu, les effets sont durables. Mais comment ce fait est-il si essentiel dans l'histoire des animaux? On en ignore encore bien des détails. On sait, à la vérité, que la verge du mâle est double, & n'est autre chose que les deux mammelons, par lesquels se terminent les vaisseaux spermatiques, à l'endroit de leur insertion dans la cloaque; on sait que la vulve de la femelle est placée au-dessus de l'anus, & non au-dessous, comme dans les quadrupèdes; on sait que le Coq s'approche de la Poule par une espèce de pas oblique, accéléré, baissant les ailes, comme un Coq d'Inde qui fait la roue, & étend sa queue à demi, en accompagnant son action d'un certain murmure expressif, d'un mouvement de trépidation, & de tous les signes de desir pressant. On sait qu'il s'élance

E vj

sur la Poule, qui le reçoit en pliant les jambes, se mettant ventre à terre, & écartant les deux plans de longues plumes, dont sa queue est composée. On sait que le mâle saisit avec son bec la crête, ou les plumes du sommet de la tête de la femelle, soit par manière de caresse, soit pour garder l'équilibre; qu'il ramène la partie postérieure du corps de la Poule, où est l'orifice correspondant; que cet accouplement dure d'autant moins, qu'il est plus souvent répété; & que le Coq semble s'applaudir après par un battement d'ailes & par une espèce de chant de joie ou de victoire. On sait que le Coq a des testicules; que sa liqueur séminale réside, comme celle des quadrupèdes, dans des vaisseaux spermatiques. On sait, par mes observations, ajoute M. de Buffon, des ouvrages duquel nous avons extrait ce détail, que celle de la

Poule réside dans la cicatricule de chaque œuf, comme celle des femelles quadrupèdes dans le corps glanduleux des testicules ; mais on ignore si la double verge du Coq, ou seulement l'une des deux, pénètre dans l'orifice de la femelle, & même s'il y a intromission réelle, ou une compression forte, ou un simple contact. On ne sait pas encore qu'elle doit être précisément la condition d'un œuf, pour qu'il puisse être fécondé, ni jusqu'à quelle distance l'action du mâle peut s'étendre ; en un mot, malgré le nombre infini d'expériences & d'observations qu'on a faites sur ce sujet, on ignore encore quelques-unes des principales circonstances de la fécondation.

Les Poules pondent indifféremment pendant toute l'année, excepté pendant la muë, qui dure ordinairement six semaines, ou deux mois, sur la fin de l'automne,

& au commencement de l'hiver. La fécondité ordinaire consiste à pondre presque tous les jours; il s'en est trouvé qui ont pondu jusqu'à deux fois par jour. Pour les faire pondre en hiver, il ne s'agit que de les tenir dans une écurie, où il y a toujours du fumier chaud, sur lequel elles puissent séjourner.

Les Poules ont trois estomacs; 1.° le jabot: c'est une espèce de poche membraneuse, où les grains sont d'abord macérés, & commencent à se ramollir; 2.° la partie la plus évasée du canal intermédiaire entre le jabot & le gésier, & la plus voisine de celui-ci: elle est tapissée d'une quantité de petites glandes, qui fournissent un suc dont les alimens peuvent aussi se pénétrer à leur passage; 3.° enfin le gésier, qui fournit un suc manifestement acide, puisque l'eau dans laquelle on a broyé sa membranc interne, devient une bonne préfure pour faire cailler les crêmes. C'eſt ce troiſième eſtomac qui achève, par l'action puiſſante de ſes muſcles, la digeſtion, qui n'avoit été que préparée dans les deux premiers. La force de ſes muſcles eſt plus grande qu'on ne le croiroit. En moins de quatre heures, elle réduit en poudre impalpable une boule d'un verre aſſez épais pour porter un poids d'environ quatre livres; en quarante-huit heures, elle diviſe longitudinalement en deux eſpèces de gouttières, pluſieurs tubes de verre de quatre lignes de diamètre, & d'une ligne d'épaiſſeur. Au bout de ce temps, toutes leurs parties aiguës & tranchantes ſe trouvent émouſſées, & le poli détruit, ſur-tout celui de la partie convexe. Cette force eſt auſſi capable d'applatir des tubes de fer blanc, & de broyer juſqu'à dix-ſept noiſettes dans l'espace de vingt-quatre heures; & cela, par des compressions multipliées, par une alternative de frottement, dont il est difficile de voir la méchanique. Une chose qui peut aider encore à l'action du gésier, c'est que les Poules en tiennent la cavité remplie, autant qu'il est possible, & par-là mettent en jeu les quatre muscles dont il est composé. A défaut de grains, elles le tendent avec de l'herbe, & même avec de petits cailloux, lesquels, par leur dureté & leurs inégalités, font des instrumens propres à broyer les grains avec lesquels ils sont continuellement froissés. D'ailleurs on ne doit pas être surpris que la membrane intérieure de cet estomac soit assez forte pour résister à la réaction de tant de corps durs, sur lesquels elle agit sans relâche, si l'on fait attention que cette membrane est fort épaisse, & d'une substance analogue à celle de la corne.

Les organes qui servent à la respiration des Poules, consistent en un poumon, semblable à celui des animaux terrestres, & dix cellules aëriennes, dont il y en a huit dans la poitrine, qui communiquent immédiatement avec le poumon, & deux plus grandes dans le bas-ventre, qui communiquent avec les huit précédentes : lorsque dans l'inspiration le thorax est dilaté, l'air entre par le larynx dans le poumon, passe du poumon dans les huit cellules aëriennes supérieures, qui attirent aussi en se dilatant, celui de deux cellules du bas-ventre, & celles-ci s'affaissent à proportion. Lorsqu'au contraire le poumon & les cellules supérieures s'affaissent dans l'expiration, pressent l'air contenu dans leur cavité, cet air sort en partie par le larynx, & repasse en partie des huit cellules de la poitrine dans les deux cellules du bas-ventre, lesquelles se dilatent alors par une méchanique assez analogue à celle d'un soufflet à deux ames.

Le tube intestinal est fort long dans les Poules, & surpasse environ cinq fois la longueur de l'animal, prise de l'extrémité du bec jusqu'à l'anus ; on y trouve deux *cœcum* d'environ six pouces, qui prennent naissance à l'endroit où le colon se joint à l'iléon. Le rectum s'élargit à son extrémité, & forme un réceptacle commun, qu'on a appellé *cloaque*, où se rendent séparément les excrémens solides & liquides, & d'où ils sortent à la fois, sans être néanmoins entièrement mêlés. Les parties caractéristiques des sexes s'y trouvent aussi, savoir dans les Poules la vulve ou l'orifice de *l'oviductus*, & dans les Coqs les deux verges, c'est-à-dire, les mammelons des deux vaisseaux spermatiques ; la vulve est placée au-dessus de l'anus, & par conséquent tout au rebours de ce qu'elle est dans les quadrupèdes.

On nomme poulailler l'endroit où les Poules se perchent, & où elles pondent. Il est très-avantageux de le placer près du four, auprès du toit des porcs, ou de quelqu'autre endroit de la basse-cour, qui ne soit exposé, ni aux grands froids, ni aux chaleurs excessives. Le grand froid engourdit les Poules, les empêche de pondre, & leur cause la goutte ; la trop grande chaleur leur occasionne la pépie, des inflammations, la constipation, & souvent les fait mourir.

Le poulailler doit être plus long que large, afin d'y pouvoir poser plus facilement les bâtons, sur lesquels les Poules se perchent ; on aura soin d'en bien crépir le mur avec de la chaux, & même de le blanchir en dedans & en dehors, pour empêcher les fouines, belettes & autres animaux mal-faifans d'y grimper, & de s'y introduire pour égorger les volailles.

On peut joindre au grand poulailler deux ou trois autres qui fe communiquent enfemble, afin que les Poules puiffent choifir celui qui leur conviendra le mieux, & qu'elles évitent les coups de bec de celles qui pourroient leur faire la guerre, fi elles juchoient toutes enfemble. Les poulaillers auront chacun une petite fenêtre garnie d'une treille de fer, ou de plufieurs bâtons auffi ferrés les uns contre les autres, pour donner feulement du jour à la volaille, & pour empêcher les bêtes leurs ennemies d'y entrer. Le dedans des poulaillers fera garni de gros bâtons ou perches quarrées, afin que la volaille fe tienne mieux ; car la Poule ne courbe pas fes ongles comme d'autres oifeaux pour fe tenir fur le montoir. Ces perches ou montoirs font appuyés contre les murs par leurs extrémités, & il faut les assujettir de manière qu'elles soient fermes. Elles doivent être élevées au moins d'un pied & demi au-dessus du plancher, ensorte toutefois que les Poules y puissent voler sans effort ; ce qui pourroit être cause qu'elles casseroient leurs œufs; si on étoit obligé d'y placer des perches fort haut, il faudroit mettre une espèce d'échelle, qui leur donne moyen d'y monter facilement; on mettra aussi alors une échelle en dehors, sous l'ouverture de chaque poulaillier, pour en faciliter l'entrée aux Poules, quand elles veulent pondre ou se jucher. Il faut placer aux deux côtés du poulailler, contre les extrémités des perches, des paniers enfoncés dans le mur, ou qui soient attachés, afin que les Poules y puissent entrer facilement pour y pondre. On garnit ordinairement ces paniers de paille, pour que les

Poules y soient plus à leur aise, & qu'elles ne cassent pas leurs œufs en pondant ; mais le foin est plus doux, & peut-être moins sujet aux poux & autres vermines.

Il est à propos de planter quelque arbre ou treille auprès du poulailler, pour donner de l'ombre à la volaille pendant les grandes chaleurs de l'été, & pour leur servir de retraite, en cas que le milan ou quelqu'autre oiseau de proie voulût les inquiéter. On tiendra le poulailler ouvert pendant le jour, afin que l'air s'y renouvelle & chasse la mauvaise odeur de celui de la nuit, ce qui contribue beaucoup à la santé des Poules.

On place auprès du poulailler un fumier préparé de cette manière : on prend du terreau, dont on remplit un trou creusé exprès en pente, pour que l'eau ne croupisse pas ; on l'arrose de sang de bœuf, sur lequel on jette un peu d'avoine, &

on mêle bien le tout avec un râteau ; bientôt le terreau sera rempli de vers, qui ont une vertu particulière pour engraisser la volaille ; on ouvre cette verminière, l'on n'y laisse gratter les Poules, que lorsque les vers y fourmillent, & on ne l'ouvre que par un endroit, pour en tirer avec trois ou quatre coups de bêche les vers qu'on veut abandonner à la volaille ; on fait les verminières l'été, & on s'en sert l'hiver. Pour les garantir, on les couvre de gros buissons, qu'on charge avec de grosses pierres, & pour hâter la formation des vers, on mêle avec le terreau des tripailles de brebis, &c.

L'Auteur du *Gentilhomme Cultivateur* rapporte, d'après un Auteur célèbre, la construction d'une verminière singulière, avec laquelle selon cet Auteur, on peut nourrir à peu de frais une grande quantité de volaille ; cette verminière ne diffère néanmoins que très-peu de celle dont nous venons de parler ; les quatre côtés en doivent être égaux ; elle doit avoir quatre pieds de profondeur, sur un terrein un peu incliné, pour que les eaux qui peuvent être en-dessous s'épanchent, & qu'elles n'y croupissent pas ; si le terrein est de niveau, on l'élève avec de la terre, on le ferme tout autour d'une bonne muraille bien maçonnée, de la hauteur de trois à quatre pieds ; on met au fond de cette fosse creusée, ou de cette élévation, quand le terrein est de niveau, une couche de paille de seigle hachée bien menu, de l'épaisseur de 4 pouces, ou d'un demi-pied : sur cette couche on fait un lit de fumier de cheval ou de jument tout récent, que l'on couvre de terre légère, & bien divisée & ameublie, sur laquelle on répand du sang de bœuf ou de chèvre, du marc de raisin, de l'avoine &

du

du son de froment, le tout bien mêlé ensemble. Ces premières couches faites, on les répète alternativement dans le même ordre ; on ajoute seulement, quand on est parvenu à la moitié de la fosse, des intestins de moutons, de brebis, & d'autres bêtes. Enfin on recouvre, quand la fosse est plus qu'aux trois quarts remplie, toutes ces matières avec de fortes broussailles, qu'on charge de grosses pierres, pour que les vents ne puissent pas les emporter, ni déranger, & que les Poules ne puissent y aller grater ou becqueter. La première pluie qui survient, fait pourrir cette composition, & par ce mélange on obtient une quantité prodigieuse de vermine, qu'on doit bien ménager, & qu'il ne faut distribuer aux Poules que par ordre, de peur que la verminière ne se trouve bientôt ravagée. En la bâtissant, on laisse une porte à l'O-

F

rient ou au Midi, que l'on ferme avec de la pierre feche jufqu'en haut; c'eft par cette porte qu'on entame la verminière, en ôtant de ces pierres qui font fur le haut; trois ou quatre coups de bêche fuffifent pour en tirer la nourriture de toute la journée; on jettera ce qui eft refté de la journée précédente dans la foffe ou fumier, c'eft le meilleur & le plus fubftantiel de tous les engrais; il eft à obferver qu'il faut placer la verminière dans un lieu chaud & à l'abri des vents.

M. Dupuy-d'Emportes, Auteur du Gentilhomme Cultivateur, n'approuve pas les verminières; il y trouve même beaucoup d'inconvéniens; il prétend fur-tout que les Poulets qui s'en nourriffent font de mauvais goût, que leur chair fent toujours les entrailles, & que les œufs ont même un goût défagréable; c'eft pour cette raifon qu'il voudroit qu'au cas qu'on fe servît de verminière, qu'on n'en mangeât la volaille qu'après lui avoir prescrit uu régime particulier, quinze jours ou trois semaines auparavant.

On observera de ne pas garder plus de Poules qu'on n'en peut nourrir; plusieurs personnes s'imaginent qu'il ne s'agit que d'avoir beaucoup de Poules, sans pourvoir à leur nourriture; mais elles se trompent; une petite quantité à laquelle on ne laisse point manquer de grain, donne plus de profit qu'une grande quantité qu'on laisse jeûner, ou qu'on ne fait vivre que de ce qui peut se trouver dans la cour.

L'heure la plus propre pour donner à manger aux Poules, est toujours, autant que faire se peut, lorsque le soleil se lève, & le soir un peu avant que le soleil se couche; on pourra même encore leur donner quelque chose sur le midi.

Mais on pourra se dispenser de leur donner à manger dans le temps de la moisson, & lorsqu'on bat dans la grange, parce que les Poules trouvent pour lors assez de quoi vivre, sans qu'on se donne cette peine, pourvu seulement que la neige ne couvre point la terre. On les fait rentrer au poulailler sur les cinq à six heures du soir en été, & dès trois heures en hiver.

Pour les nourrir, on amasse toutes les criblures & les vanures des grains qu'on a soin de serrer ; on leur entremêle quelquefois cette nourriture avec de l'herbe ou de la laitue qu'on hache, du fruit qu'on dépêche, ou d'autres choses selon la saison, ou du son trempé dans de l'eau. Lorsqu'on veut échauffer les Poules, de façon qu'elles puissent pondre beaucoup pendant l'hiver, on leur donne de l'avoine pure, du bled de sarrasin, ou du chenevis. Un vrai moyen pour bien nourrir la volaille, c'est de faire provision de marc de raisin, qui reste dans la cuve après qu'on en a coulé le vin, & de le bien mêler avec du son; on fait un creux en terre, on met par lit & par couche le marc & le son, & par-dessus un lit de terre grasse, ensuite un de marc mêlé avec du son, ce qu'on continue de la sorte jusqu'à la dernière couche; on peut aussi donner aux Poules de l'ivraie, du maïs, des vers, de la pâtée de viande, de l'orge, quelquefois même des vesces; mais une excellente nourriture pour ces animaux, c'est de conserver une partie des eaux de lavure de la cuisine, les croûtes & les miettes qui tombent à terre, ou qui restent sur la table pendant le repas des ouvriers & des gens de la ferme; on rassemble tous les débris des herbages & des légumes qu'on emploie dans la cuisine. On met toutes ces différentes substances dans un chaudron que l'on remplit des lavures des assiettes ; on fait bouillir le tout jusqu'à une certaine consistance, avec du son, tantôt d'orge, tantôt de seigle, tantôt de froment, & on leur donne de ce mélange le matin, & sur le midi une petite poignée de grain par Poule ; le millet commun, le chenevis sont pour eux des graines favorites.

Les Poules aiment beaucoup les mûres ; il est de la dernière importance de leur procurer cette nourriture ; on fera donc très-bien de planter quelques mûriers aux environs de la ferme ; il y a aussi une ronce qui porte des espèces de mûres noires ; elle croît dans les haies, son fruit est excellent pour toute sorte de volailles ; il rend la chair délicate & la graisse blanche.

On se donnera bien de garde de donner aux Poules le marc, dont on aura exprimé l'huile d'amandes amères, c'est un poison pour elles.

Il convient de donner toujours aux Poules leur nourriture dans le même endroit; & pour qu'elles y mangent commodément, cet endroit doit être uni & à couvert des vents qui leur feroient souffrir du froid.

Il est de la dernière importance de donner à manger aux Poules dès le grand matin; l'impatience qu'elles ont en attendant, les porte à faire ressentir les effets de leur colère sur les herbes les plus précieuses qui croissent dans les jardins, lorsqu'elles y peuvent atteindre, & qu'elles ont l'occasion de pouvoir sortir du poulailler, où l'on a coutume de les tenir renfermées pendant la nuit; les personnes qui sont dans l'usage de leur donner à manger aux lieux & aux heures accoutumées, évitent, ou du moins modèrent cette perte; après leur avoir donné ce premier repas, on fera bien de remuer & étendre le fumier dans la Cour, & d'y semer un peu de grain, pour occuper les Poules à le chercher, & à grater le fumier.

Lorsqu'on fait la récolte des œufs que les Poules ont pondus, on en fait une séparation, pour distinguer les plus frais. On visitera pendant le jour les paniers où elles pondent, & on y mettra de la paille ou du foin, s'il est nécessaire. A mesure qu'on recueillira les œufs, on les mettra sur de la paille bien propre, dans un endroit vaste & aëré, afin qu'ils ne s'échauffent pas.

Le bon ordre veut que le poulailler soit nettoyé toutes les semaines une fois, qu'on le parfume aussi d'herbes odoriférentes, telles que le thym, la marjolaine ou la lavande, quelquefois même d'encens. C'est une pratique des plus salutaires pour les Poules, que ces sortes de fumigations ; elles préservent la volaille d'une infinité de maladies. Il est encore de la dernière utilité de nettoyer & de décroter, tous les matins, les bâtons sur lesquels les Poules ont passé la nuit. On renouvellera aussi toutes les semaines la paille ou le foin qu'on aura mis dans les nids de Poule, pour en ôter les poux, puces & autres insectes nuisibles à la volaille.

Lorsqu'on veut se procurer des œufs pendant l'hiver, on choisira dans le nombre des Poules qu'on a, celles qui paroissent être les meilleures. Les jeunes Poules pondent plus volontiers dans cette saison que les vieilles. On les mettra dans une chambre séparée ; on les y renfermera, de peur que les autres Poules ne viennent dérober leur nourriture. On fera bouillir pour les Poules séparées, de l'orge, qu'on leur donnera chaude & à-demi-cuite. L'avoine leur est encore

F v

très-bonne, de même que toutes sortes de criblures de bled; mais si on les veut échauffer davantage, on n'aura qu'à leur donner de temps en temps du chenevis; cependant il n'en faut pas faire leur nourriture ordinaire, car les œufs coûteroient plus qu'ils ne vaudroient: ce qui est contre l'économie. Le fénugrec, nommé par quelques-uns *dragée des chevaux*, est encore bon pour échauffer les Poules en hiver. On aura grand soin que la nourriture ne leur manque pas, & que l'eau dont on les abreuvera, soit nette & claire. Les tenir proprement est encore un point essentiel, ainsi que de remuer & changer souvent le foin dont on garnit leurs nids.

On perdroit la race des Poules, si on n'avoit pas soin de les renouveler toutes les années. Pour y réussir, on leur fait couver leurs œufs. On peut le faire dès le mois de Janvier, quand elles le demandent. Ces sortes d'animaux seroient comme les oiseaux, & feroient alors leurs propres œufs. M. Lothinger a même observé, si les Chiens, les Renards & nous-mêmes, ne les leur déroboient pas, que leur ponte est de quatorze à vingt œufs, qu'elles font tout de suite sans se reposer. Elles commencent à pondre en Février & Mars, & quelques-unes dès leur première année. La ponte de celles d'un an & demi & de deux ans, est la meilleure. Quand elles ont quatre ans passés, elles ne sont plus bonnes que pour bouillir au pôt. Les Coqs peuvent se maintenir jusqu'à six ; mais il faut qu'ils soient robustes. Lorsque les Poules sont bien nourries, elles pondent beaucoup dès le mois d'Avril. Durant leur ponte, il faut leur donner une nourriture abondante, quelquefois de l'avoine ou du fénugrec, pour les échauffer ; & si on veut qu'elles fassent de gros œufs, car communément celles qui sont trop grasses n'en font que de petits, on mêle & on détrempe de la craie rouge parmi leur mangeaille, & on met de la brique broyée dans du son ; on la délaye avec un peu de vin & d'eau, & on en fait leur nourriture ordinaire, ou on leur donne, tant qu'elles voudront, de l'orge à-demi cuite, avec de la vesce & du millet.

 Leur ponte finie, ce qu'on reconnoît, lorsqu'elles commencent à glosser, on travaillera à leur préparer un nid dans un lieu retiré, pour que personne n'effarouche les couveuses. On placera ce nid hors de la portée des Chiens & des Fouines. Quelques Fermières ont attention de mettre un morceau de fer au fond de chaque nid, pour empêcher, à ce qu'elles disent, en cas qu'il vienne à tonner, que les œufs ne se troublent, en sorte qu'ils ne produiroient rien. Sur le fer, on arrange du foin, plutôt que de la paille, parce qu'il est plus chaud, & on pose bien doucement les œufs sur ce foin, pour ensuite les couvrir de la Poule qui glossera, & qu'on aura vu garder deux ou trois jours le nid. Il sera à propos de parfumer le nid de temps en temps.

Quoique toutes les Poules, après leur ponte, glossent, & gardent quelque temps leur nid, ce qui est une marque qu'elles veulent couver; cependant, pour ne pas perdre son temps & sa peine, on fera un choix, en rejetant, malgré ces indices, toutes celles qui n'ont pas deux ans, celles qui paroissent farouches, & celles qui ont de trop longs ergots. Les unes sont sujettes à abandonner leurs œufs dans le temps qu'elles les ont à moitié couvés, ou, les ayant couvés jusqu'à avoir des Poulets, elles les quittent trop tôt, ce qui fait que bien souvent il n'en reste que fort peu; les autres cassent leurs œufs, en marchant trop rudement dessus, ou tuent leurs Poulets pour la même cause. Les meilleures Poules pour couver, sont celles qu'on nomme *franches*, c'est-à-dire, celles qui ne prennent l'épouvante de rien, & qu'on peut lever du nid, pour leur donner à manger, sans qu'elles s'éffarouchent. On les choisira aussi d'une complexion qui marque beaucoup de force, & d'un naturel fort éveillé.

Les Poules étant nourries de la manière que nous avons indiquée pour les faire pondre, ne manqueront pas aussi de couver de bonne heure; & comme le plutôt est souvent le meilleur, pour avoir des premiers Poulets, on aura soin, dès qu'on entendra glosser les bonnes couveuses, de leur préparer des nids, afin que les Poulets, devenus grands avant l'été, puissent être chaponnés avant le premier Juin; ce qui est le véritable moyen d'en avoir de beaux, ainsi que de jeunes Poules, qui commenceront à pondre de bonne heure.

On est dans l'habitude de mettre près des Poules couveuses, leur nourriture, pour ne pas les obliger de sortir de dessus leurs œufs, de peur qu'ils ne se refroidissent; cependant on n'agira ainsi qu'avec celles qui sont les moins attachées à leurs œufs; encore fera-t-on toujours bien de les lever, pour leur faire prendre l'air, comme une chose qui leur est très-nécessaire. On fera même très-bien de les lever toujours, pour leur donner à manger, d'autant plus encore qu'il se trouve des Poules qui ne mangent jamais dans leur nid. On ne touchera aux œufs, qu'une ou deux fois, après qu'ils auront été mis sous la Poule, & ce sera pour les tourner, supposé que la Poule ne le fasse pas, afin qu'ils se puissent échauffer également. Les manier davantage, par l'impatience qu'on a de voir les Poussins éclos, c'est bien souvent tout perdre. On marquera le jour qu'on aura mis couver la Poule, pour ne pas se tromper sur le temps que ses petits doivent éclorre. La couvée dure dix-neuf à vingt-un jours. Nous entrerons dans des détails plus circonstanciés sur ces objets, aux articles *Œufs* & *Poulets*; nous allons actuellement parler des maladies des Poules, qui sont également propres aux Coqs, aux Poulardes, aux Poulets, & généralement à toute la volaille.

La maladie à laquelle la jeune volaille est la plus sujette, est la pépie. La disette ou la malpropreté de l'eau en est souvent la cause. Quand les Poules manquent d'eau, l'humidité naturelle de la bouche se durcit au bout de la langue, & forme cette espèce d'écaille que l'on appelle pépie, & qui n'est qu'une pellicule racornie, qui les empêche de manger. Lorsque l'eau est malpropre, elle est chargée de particules nitreuses & corrosives, qui dessêchent cette même humidité, d'où doit s'ensuivre nécessairement le même accident. On ne sauroit croire, par exemple, combien l'eau de fumier est préjudiciable à ces animaux ; ils n'y ont recours qu'à défaut d'autre. On leur donnera, pour y obvier, sous l'angard, ou auvent, une eau qu'on aura soin de renouveler tous les jours. Il est très-important d'observer à temps les Poules attaquées de cette maladie, parce que le remède en est pour lors facile.

On prend la Poule malade, on

en assujettit le corps avec ses jambes, & l'on appuie le pouce gauche à un angle du bec, & l'index à l'autre; on lui ouvre par ce moyen le bec, ensuite on gratte légèrement la pellicule avec l'ongle ou une aiguille; on l'arrache, & on la sépare de la langue, que l'on mouille après l'opération d'une goutte de vinaigre, ou d'un peu de salive; quelques-uns y mettent un grain de sel marin. M. Dupuy d'Emportes préfère une goutte de lait bien butyreux; on en oint l'extrémité de la langue, qui, comme on se l'imagine, est très-sensible, & on ne donnera à boire à l'animal au moins d'un quart-d'heure.

La seconde maladie des Poules, dont nous ferons mention, est l'inflammation qui survient au croupion. Cette maladie est une petite tumeur enflammée, qui se place à l'extrémité du croupion. Toutes les volailles qui en sont affectées, ont le plumage hériffé, & languiffent. Ce fymptôme eft le plus caractériftique de cette maladie, il n'y a aucun équivoque à craindre. Quant à la caufe, elle eft très-aifée à indiquer ; ce ne peut être autre chofe qu'un fang épaiffi, qui communique ce défaut à la lymphe ; auffi l'animal eft-il toujours échauffé dans ce cas, & la maladie précédée de la conftipation.

Voici actuellement la méthode qu'on peut employer pour la guérir ; on cherche d'abord cette enflure, on l'ouvre avec un couteau bien tranchant ; on ferre latéralement la plaie avec les doigts, & l'on fait fortir toute la matière, enfuite on la lave avec du vinaigre bien chaud, & l'on peut être affuré de la guérifon. Il y a dés femmes qui fe contentent d'ouvrir avec une aiguille ; cette méthode eft très-pernicieufe, parce que la matière ne trouvant point relativement à sa quantité & à son épaisseur une issue assez libre, séjourne, cave en dedans, & très-souvent carie l'os, ce qui entraîne le dépérissement de l'animal.

Il faut encore observer que la coction de la matière soit faite, autrement l'opération devient trop douloureuse & la cure trop longue. M. Dupuy d'Emportes prétend que l'eau-de-vie tempérée d'autant d'eau tiède, doit avoir la préférence sur le vinaigre, d'autant que celui-ci crispe trop par son âcreté les lèvres de la plaie.

On fera bien de tenir pendant quelques jours les animaux auxquels on a fait cette opération, à un régime rafraîchissant, c'est-à-dire, de leur donner de la verdure, telle que de la laitue, du son d'orge, & du seigle bouilli dans une suffisante quantité d'eau; en suivant exactement cette méthode, on est sûr de ne point perdre de volaille.

des Oiseaux de Basse-Cour. 141

La troisième maladie de la volaille est le cours de ventre ; cette maladie est occasionnée par une trop grande quantité de nourriture humide. Quand elles en sont attaquées, on fera bien de leur donner pendant quelques jours des cosses de pois après les avoir fait tremper auparavant dans de l'eau bouillante, & quand on ne parvient pas à suspendre le flux par ce régime, on fera bien d'y ajouter un peu de racine de tormentille réduite en poudre. Ce remède est presqu'infaillible. Cependant celui de tous qui produit le plus prompt effet est la raclure de corne de cerf impalbaple ; on en met infuser une pincée dans du bon vin rouge, & on en donne sept à huit gouttes le matin, & autant le soir ; mais pour faire usage de ce remède, il ne faut pas que le cours de ventre soit occasionné par une indigestion ; il deviendroit pour lors funeste à l'animal; auſſi ne doit-on l'adminiſtrer ni le premier, ni le ſecond jour, parce que les indigeſtions peuvent durer autant, mais ſeulement le quatrième & le cinquième, parce qu'alors on peut être ſûr que l'animal eſt attaqué d'un cours de ventre.

La maladie contraire à celle dont nous venons de parler eſt la conſtipation; on peut l'attribuer à une trop grande quantité de nourriture ſeche & échauffante, les criblures de bled, par exemple, l'avoine, le chenevis, la graine de ſpergule, continuée trop long-temps à la volaille, la rendent ſujette à cette maladie; on la guérit en donnant à la volaille pendant long-temps du pain trempé dans du bouillon de tripes; mais il arrive quelquefois que le mal ne cède point à ce remède; il faut pour lors avoir recours à l'écume du pot, que l'on ôte avec l'écumoire; on y ajoute un peu de farine de seigle, & de la laitue hachée bien menu; on fait bouillir un peu le tout ensemble; & on le donne pour régime. Mais si le mal opiniâtre se refuse encore à ce remède, on aura pour lors recours à deux onces de manne, qu'on délayera dans la composition précédente, & on leur donne pour cet effet un peu plus de liquidité; on y met tremper du pain, la volaille en mange, & l'expérience prouve qu'il ne se trouve aucune constipation qui ne se dissipe par ce régime.

Les Poules sont encore sujettes à une autre maladie, qui est le mal des yeux: on en distingue de deux sortes, *l'ophtalmie ou inflammation*, qui provient d'une grande chaleur intérieure, & qui reconnoît souvent pour cause le trop grand usage du chenevis & d'autres graines aussi échauffantes, & la *fluxion catherreuse*, qui est occasionnée par une nourriture trop humide, ou par la qualité de l'air, qui dans certains temps est si humide & si chargé de brouillards, que les hommes en sont même incommodés. Dans le premier cas, il faut faire usage d'un collier fait avec de l'alun & de l'eau de plantain. M. Hall dit avoir employé avec beaucoup de succès le mélange suivant dans pareils cas ; prenez par quantité égale de l'herbe, qu'on appelle *éclaire de lierre terrestre*, & *d'anchuse* ; exprimez-en bien le suc ; lorsque vous en aurez une chopine, vous y ajouterez quatre cuillerées de vin blanc, frottez-en soir & matin les yeux de l'animal.

Dans le second cas il faut avoir recours à l'eau-de-vie, mêlée avec égale quantité d'eau, en frotter matin & soir les yeux de l'animal, avoir attention de lui donner pour nourriture des graines échauffantes telles que celles de spargule, & des criblures de froment, & tous les matins des Oiseaux de Basse-Cour. 145

matins du son de froment bouilli dans les lavures de vaisselle; & quand ce régime ne suffit pas, on aura recours au remède suivant.

Prenez un peu de manne, une pincée de rhubarbe de Moines; pétrissez bien le tout ensemble avec une suffisante quantité de farine de seigle, sur laquelle vous laissez tomber neuf ou dix gouttes de sirop de fleurs de pêcher; donnez à ce mélange la consistance & la forme de pilules de la grosseur d'un pois; faites-en avaler deux le matin & deux le soir. On aura soin de frotter deux fois par jour les yeux avec le premier collyre indiqué, & l'animal se trouve guéri radicalement.

Cet animal est attaqué d'une vermine particulière qui le tourmente beaucoup, lorsqu'on n'a point l'attention de le tenir proprement. Quant à celle qui inquiette la volaille & altère considérablement sa santé, elle n'est occasion-

G

née que par une eau mal-propre, ou par les ordures qu'on laisse vieillir dans le poulailler.

Lorsque la volaille en sera attaquée, on fera bouillir la quatrième partie d'une livre d'ellébore blanc, dans quatre pintes d'eau, jusqu'à réduction d'une pinte & demie; on passera cette liqueur à travers un linge, & on ajoutera une once de poivre, & une demi-once de tabac grillé. On lavera avec ce mélange l'animal, qui, après deux ou trois bains de cette espèce, se trouve radicalement guéri.

On remarque souvent sur le corps de la volaille de petites tumeurs ulcéreuses, qui la font languir. Lorsqu'on voit une Poule abattue, & qui a son plumage hérissé, c'est le symptôme caractéristique de cette maladie; elle n'est occasionnée le plus souvent que par une mauvaise nourriture, ou par une eau de mauvaise qualité. Il faut avoir recours, des Oiseaux de Basse-Cour. 147

pour la guérison, au remède suivant : faites fondre ensemble une égale quantité de résine, de beurre, de goudron, faites-en un onguent, dont vous frottez la partie affe●●● après cependant l'avoir dé●●●●● avec du lait chaud, coupé d'une égale quantité d'eau : deux ou trois pansemens sont pour l'ordinaire suivis de la guérison.

Le catharre est une fluxion, ou une espèce de distillation d'humeurs qui attaque les Poules, lorsqu'elles ont été pendant long-temps exposées au froid, ou quand elles se sont trouvées trop long-temps au soleil. Il est aisé de connoître quand les Poules sont attaquées de ce mal ; elles reniflent fréquemment, & ont un râlement, qui leur cause souvent une espèce de mouvement convulsif ; elles s'efforcent de repousser la matière âcre qui leur tombe dans le gosier, & en effet elles l'expectorent quelque-

G ij

fois, mais jamais suffisamment pour se guérir. Si l'on prend bien garde à la matière qu'elles chassent dehors en toussant, on verra que c'est ■■ matière âcre & purulente, qui, ■■ le séjour qu'elle a fait dans le gosier, a acquis, de transparente qu'elle étoit d'abord, cette espèce de consistance & de couleur qui constituent le pus. D'autres symptômes accompagnent encore cette maladie ; les Poules sont dégoûtées, & ne mangent qu'avec répugnance. Pour les en guérir, il faut prendre, dit Liger, une petite plume, avec laquelle on leur traverse les naseaux, pour faciliter l'écoulement des humeurs ; & lorsque la fluxion se jette, comme il arrive quelquefois, sur les yeux, ou à côté du bec, & s'il s'y forme une tumeur, il faut l'ouvrir, & faire sortir la matière, bien déterger la plaie avec du vin chaud, & mettre ensuite un peu de sel, qui soit aussi broyé qu'il est possible.

Les Poules sont, ainsi que tous les animaux, sujettes à l'ophtalmie, ou inflammation des yeux. Nous en avons déjà parlé plus haut, en parlant du *mal des yeux*. Cette inflammation leur cause souvent une douleur si vive dans cette partie naturellement délicate, qu'elles ne peuvent ni manger ni boire. Il n'y a point de remède plus sûr contre cette maladie, suivant M. Dupuy d'Emportes, que de leur bassiner les yeux avec de l'eau de pourpier, ou avec du lait de femme, ou bien avec du blanc d'œuf, que l'on agite & fouette avec un morceau d'alun. On peut encore leur laver cette partie avec du vin éventé. Comme cette maladie n'a pour cause qu'une lymphe trop âcre & chargée de sels, qui rongent & picottent les yeux, il faut, pour détourner la cause morbifique, pendant que l'on applique l'une ou l'autre des recettes ci-dessus prescrites, tenir le ventre libre par un régime de son de seigle, de poirée hâchée menu, & d'un peu de manne ; & pour que l'animal puisse résister aux évacuations, il faut de temps en temps lui donner un peu de millet, qui sert à éguiser son appetit. Pour la boisson, on donne de l'eau, dans laquelle on jette un peu de poivre pilé. Cette recette est excellente contre la constipation.

La taye est encore une autre maladie des Poules. Elle n'a d'autres causes que celle de l'inflammation ; par conséquent les remèdes prescrits contre cette maladie, peuvent avoir le même succès contre celle-ci. On ajoute seulement l'usage des drogues qui sont propres à briser & atténuer cette humeur, telles que le sucre candi, l'urine ou l'alun, qui en effet sont les vrais spécifiques. Il se trouve des Fermières qui se servent du sel ammoniac & de miel, mêlés ensemble en parties égales. Il y en a aussi qui enlèvent la cataracte avec la pointe d'une aiguille. Cette méthode est la plus sûre; mais il faut beaucoup d'adresse & bien de l'attention à assujettir la tête de l'animal, afin qu'il ne fasse aucun mouvement pendant l'opération. Il faut, après y avoir procédé, humecter l'œil avec du lait de femme, pour que l'impression subite de l'air ne l'attriste point. Il seroit même à propos, dès que l'opération est faite, de mettre la Poule dans un endroit obscur, après lui avoir introduit dans le bec, & fait avaler quelques boulettes composées de poivre hâché, de son de seigle & de millet, mêlés ensemble, jusques à la consistance de pilules, & de l'y tenir jusques au lendemain, lui donnant peu à peu du jour, jusques à ce qu'enfin la lumière ne lui fît plus d'impression violente. Le troisième jour, après l'opéra-

G iv

tion on n'a plus rien à craindre.

La volaille est encore très-sujette à l'éthysie ou phthisie. Cette maladie est, pour l'ordinaire, précédée de l'hydropisie; la cause est, ou dans le gésier ce qui approche beaucoup de l'hydropisie de poitrine, à laquelle les hommes qui en sont attaqués, échappent rarement; ou elle est dans les intestins, ou enfin dans les vaisseaux cutanés. Dans le premier cas, cette maladie, si dangereuse pour les hommes, est très-curable dans les Poules. Il suffit de leur donner pour toute nourriture, de l'orge bouillie, mêlée avec de la poirée, & pour boisson, du suc de cette même plante avec un quart d'eau commune. Dans le second cas, on employera le même remède; mais, pour ce qui est du troisième, l'animal se trouve sans ressource, parce que toutes les parties vitales se trouvent insensiblement en défaillance.

des Oiseaux de Basse-Cour. 153

La galle est une maladie fort commune aux Poules. On reconnoît qu'elles en sont attaquées, quand les plumes leur tombent hors le temps de la mue. Pour les guérir, il faut les rafraîchir en leur faisant manger des feuilles de laitue, de bette & de choux, hâchées menu, & mêlées avec du son détrempé dans un peu d'eau. Il faut aussi leur souffler avec la bouche, du vin chaud sur la partie affectée, & les faire sécher aussi-tôt ou au soleil ou au feu. On continuera ces soins jusques à parfaite guérison.

On dit que les Poules ont la goutte, lorsque leurs jambes se trouvent roides, quelquefois enflées, & lorsque ces oiseaux ne peuvent marcher à l'ordinaire, ou même se tenir sur les perches dans le poulailler. Pour les en garantir, il faut tenir le poulailler bien net, & empêcher que les Poules ne marchent dans leur fiente, parce qu'elle pourroit s'attacher à leurs pieds, & leur causer ce mal. Il faut aussi faire ensorte qu'elles ne soient point exposées au froid, qu'elles ne couchent jamais dehors, que le poulailler soit assez chaud, & même parfumé de temps à autre en hiver.

Pour guérir la goutte des Poules, il est très-bon de leur frotter les jambes avec de la graisse de Poule, ou, à son défaut, avec du beurre frais.

La plupart des oiseaux sont sujets au mal-caduc, entr'autres, les Poules. Ce mal les rend lourdes, presque immobiles, les maigrit extrêmement, les empêche de manger, les jette quelquefois dans des espèces de convulsions violentes, & leur cause souvent la mort. On ne connoît point de remède plus propre à ce mal, que de leur rogner les ongles, & les arroser de vin. Il faut encore les nourrir d'orge bouillie, pendant sept ou huit jours, puis les purger avec des feuilles de bettes & de choux, & leur donner ensuite, pendant deux ou trois jours, du grain de froment tout pur; après quoi, on pourra les remettre dans la cour avec les autres. Au reste, on en guérit difficilement. On se gardera bien de leur donner pour lors du chenevis. On prétend encore que le seigle nouvellement cueilli, quoique mûr, porte beaucoup à la tête des Poules.

La mue est une maladie commune à tous les oiseaux. Les Poulets y sont spécialement sujets, lorsqu'ils sont encore petits. Ils sont pour lors tristes & mornes; leurs plumes se hérissent; ils sécouent souvent de côté & d'autre celles de leur ventre, pour les faire tomber, & les tirent avec leur bec, en se grattant la peau. Ils mangent peu; quelques-uns même en meurent, principalement les tardifs, qui ne muent que dans le temps des vents froids de Septembre ou d'Octobre, tandis que ceux qui muent dès la fin de Juillet, s'en tirent bien, parce que la chaleur contribue à la chûte de leurs plumes, & à en reproduire de nouvelles. Ceux-ci même ne perdent pas toutes leurs plumes, & celles qui ne tombent pas la première année, tombent dans la suivante.

Pour les garantir des périls de la mue, il faut les faire jucher de bonne heure, & ne les point laisser sortir trop tôt le matin, à cause du froid ; les nourrir de millet ou de chenevis ; faire fondre un peu de sucre dans l'eau qu'ils boivent ; arroser leurs plumes avec du vin ou de l'eau tiédie dans la bouche, en la soufflant sur eux.

Lorsque les Poules ont pris une nourriture qui les échauffe trop, leur jabot s'enfle, & est plus gros que de coutume. Il y paroît des veines rouges, qui proviennent de la maigreur de l'estomac; elles se hérissent, & rejettent la nourriture en la becquetant. Ce sont-là les indications d'une autre maladie des Poules, qu'on nomme *mélancholie*. Pour guérir cette indisposition, il faut piler de la graine de melon, & la mêler avec un peu de millet, ou bien hâcher menu des feuilles de bettes ou de laitue, qu'on mêlera avec du son détrempé dans de l'eau, où l'on aura fait fondre un morceau de sucre. Il faut les nourrir avec cette mangeaille, de deux jours l'un, pendant une semaine, ou même plus long-temps, s'il est nécessaire. Il faut aussi mettre un peu de sucre dans l'eau qu'on leur fera boire, & commencer par leur ôter l'avoine ou le chenevis.

Quant aux fractures des jambes qui peuvent survenir aux Poules, il ne faut point avoir recours à l'art, mais laisser agir la nature. On mettra seulement la Poule dont la jambe est rompue, sous une muë, on lui donnera bien à manger & à boire, & on ne laissera aucun bâton sur lequel elle puisse se percher, parce qu'elle pourroit s'appuyer sur la jambe cassée, ce qui empêcheroit, ou retarderoit beaucoup la guérison. On la laissera tranquille, & on fera ensorte que rien ne l'oblige à se donner du mouvement. C'est par cette raison, qu'on la mettra dans une chambre où l'on entre peu. On se donnera sur-tout de garde de vouloir aider la nature, en liant ou empaquetant la jambe; cela donneroit lieu à quelque inflammation ou apostume.

Quand une Poule est trop grasse, on l'amaigrit en mettant de la craie dans son eau, & de la poudre de brique détrempée parmi son manger; &, s'il lui survenoit un cours de ventre, on lui donnera, pour première nourriture, du blanc d'œuf roti, après l'avoir fait durcir. On le mêlera bien avec le double de raisins secs bouillis. On pourra piler le tout ensemble.

Avant de passer aux propriétés de la Poule, nous allons rapporter les différentes manières de l'engraisser, pour pouvoir en tirer une nourriture plus exquise, propre à être servie sur nos tables.

1°. On les enferme dans une chambre où le grain ne leur manque point, de même que l'eau. Les meilleurs grains sont l'orge & le froment, avec un peu de son bouilli qu'on leur donne de temps en temps.

2°. Une autre manière d'engraisser la volaille, est la suivante. Elle exige, à la vérité, un peu plus de soin ; mais elle est beaucoup plus profitable. On prend indifféremment dans la basse-cour, quelque volaille que ce soit, Chapons, Poules, &c. & avant de les mettre dans les épinettes, qui est une loge faite exprès, où la volaille est fort à l'étroit, & chacune séparée des autres, on leur plume la tête & les entre-cuisses, parce qu'on prétend que ces plumes attirent à elles trop de substance, & que conséquemment tout le corps en profite moins. On place ces épinettes dans un endroit chaud & obscur. On prétend que le grand air, qui pénètre au dedans du corps par l'organe des yeux, subtilise trop la substance, & que celui-ci venant à se dissiper, profite moins aux animaux. On leur crève même encore les yeux ; & en effet, plus ces animaux seroient en mouvement, plus la substance de la nourriture qu'ils prendroient, se convertiroit en excrèmens, plutôt qu'en bonne nourriture ; le mouvement se trouvant être une des principales causes de la digestion.

On aura de la farine de millet, d'orge ou d'avoine; on en composera une pâte, qu'on leur fera avaler par morceaux deux ou trois fois le jour. Dans le commencement, on ne leur en donnera que peu, & de jour en jour, on leur en fera prendre de plus en plus, jusques à ce que ces oiseaux y soient entièrement accoutumés. Après quoi, on les obligera d'en avaler autant qu'ils en peuvent prendre.

Lorsqu'on voudra les remplir de cette pâte, on ne manquera point de leur manier d'abord le jabot, afin que si on le trouve entièrement vuide, on ne craigne pas de leur donner à manger; au lieu que si on s'appercevoit que la digestion ne fût pas encore faite, on attendroit que la nature eût fait ses fonctions, sans quoi ce seroit perdre son temps; la trop grande abondance de nourriture prise coup sur coup, étouffe la chaleur naturelle, qui, n'étant ni assez abondante, ni assez forte pour cuire l'aliment, ne se tourne qu'en crudités, au lieu de se convertir en bonne nourriture. Toutes les fois qu'on fait prendre de cette pâte à ces animaux, il faut en tremper les morceaux dans l'eau, pour que cela leur serve de mangeaille & de boisson, car on ne leur donne point à boire. Si on trempe ces morceaux dans du lait, la volaille en est plus blanche & plus délicate. On peut encore, si l'on veut, de crainte de la vermine, les plumer jusques sous les ailes, pour que leur fiente ne puisse s'y attacher, & pour nettoyer plus facilement le petit espace que ces oiseaux occupent dans les épinettes; on les ôte pour un peu de temps; il faut pour lors les laisser promener, & pendant ce temps ils s'épluchent avec leur bec, de ce qu'ils peuvent sentir qui les incommode.

3°. La société d'Agriculture d'Alençon dit que, pour bien engraisser la volaille, il faut mêler tous les jours dans ce qu'on lui donne à manger le poids d'un liard de graine de jusquiame.

4°. Dans le pays du Mans, on met les Poules dans une mue ; on leur donne à manger trois fois le jour d'une pâtée composée de deux parties de farine d'orge, & d'une partie de bled noir, ou de l'orge moulue ensemble, la farine sassée, & le gros son ôté. On en fait des morceaux un peu plus longs que ronds, de grandeur convenable ; on en donne sept ou huit chaque fois ; dans quinze jours au plus, elles se trouvent chargées de graisse. Quelques-uns engraissent aussi la volaille en lui faisant avaler du bled de Turquie trois fois par jour, ou en lui donnant à manger de cette graine à son ordinaire & à sa faim.

5°. Dans quelques endroits on prend des orties, feuilles & graines, qu'on cueille & qu'on fait sécher à propos, on les met en poudre, & on les passe par un tamis. Quand on veut s'en servir, on les paîtrit avec du son ou de la farine de froment ; on les délaye avec des lavures de vaisselle, ou avec de l'eau chaude, & on en donne à la volaille une fois par jour.

6°. On se sert dans quelques Provinces, pour engraisser les Poulets, d'une pâte faite avec la farine de maïs, ou bled de Turquie, & on y mêle du lait ou du miel. On leur fait avaler les pilules, en leur ouvrant le bec, s'ils ne veulent pas manger ; & pour donner meilleur goût à cette volaille, on peut mêler du genièvre dans sa nourriture. La chair des Poules engraissées dans une mue n'est pas si bonne que quand les Poules engraissent lorsqu'elles sont en liberté ; celles-ci font principalement bonnes en Janvier & Février, & pour lors elles valent des Chapons.

On ne mange guères de Poules que bouillies au pot, à moins qu'elles ne foient encore jeunes, & qu'elles puiffent encore être fervies, ou comme Poulardes, ou comme Chapons ; les Poules de Caux fe fervent roties.

Au furplus, la Poule eft d'un très-bon fuc, pectorale, rafraîchiffante, nourriffante, & convenable à toute forte de tempéramens, mais particulièrement aux perfonnes convalefcentes ; elle rétablit leurs forces, & fortifie leur eftomac ; les jeunes Poules ont la chair plus tendre & plus fucculente que les vieilles ; celles-ci ont la chair dure & de difficile digeftion ; elle n'eft propre qu'aux perfonnes d'un tempérament robufte, & accoutumées à des exercices violens ; cependant elle eft fort bonne pour des bouillons; on la préfère même à celle des jeunes, quand il s'agit de faire des bouillons qui nourriffent & fortifient le malade.

On étoit autrefois dans la prévention que l'ufage de la Poule, du Poulet & du Chapon, caufoit la goutte; deux chofes avoient pu donner occafion à cette erreur populaire. La première eft, que ces animaux font fujets à la même maladie, & que par conféquent ils peuvent la communiquer à ceux qui les mangent: mais il s'enfuivroit de-là que nous devrions gagner toutes les maladies de chaque animal que nous mangeons, ce qui eft contraire à l'expérience. La feconde raifon eft, que les gens qui mènent une vie oifive, qui font grande chère, & qui ne vivent que d'alimens fucculens & délicats, comme de Poulets & de Chapons, font plutôt attaqués de la goutte que les autres; mais ce n'eft point, parce que ces mêmes gens vivent ordinairement de Chapons & de Poulets, qu'ils sont sujets à cette incommodité ; c'est plutôt par rapport à leur vie oisive, & aux excès où ils se livrent en toutes sortes de plaisirs ; ainsi c'est plutôt leur intempérance qu'il faut en accuser, que les Chapons, & les Poulets qu'on met ici en cause mal-à-propos. En effet, s'il étoit vrai que l'usage de ces animaux causât la goutte, nous ne verrions autre chose que des goutteux ; car on peut dire qu'il n'y a point aujourd'hui d'aliment plus familier, en tout temps & à toutes personnes, jeunes ou vieilles, saines ou malades, & de quelque tempérament qu'elles soient.

Quant aux usages de la Poule en Médecine, ils sont intérieurs & extérieurs ; on fait des bouillons & des gelées avec cet oiseau comme avec le Coq. Ces bouillons sont rafraîchissans, humectans, & fournissent une bonne & facile nourriture ; aussi les ordonne t-on dans la phthisie, la maigreur & la convalescence. Le Docteur Ovelgan rapporte dans les Éphémérides d'Allemagne, année 1744, une observation singulière d'une constipation de trois semaines, guérie au moyen d'un bouillon de Poule. Un homme de considération, attaqué de coliques violentes, appela plusieurs Médecins, qui tentèrent en vain de le soulager par les bains, les potions huileuses & les lavemens. Enfin voyant que rien ne réussissoit, & que son mal devenoit de jour en jour plus fâcheux, il fut conseillé d'user du remède suivant, qui avoit déjà réussi à plusieurs personnes : on prend une Poule, on lui tord le col, & on la fait cuire toute entière, & sans la plumer, dans une pinte d'eau. Cette cuisson se doit faire au bain-marie,

marie, dans un vaisseau fermé exactement avec de la pâte ; on passe ensuite par un linge, sans expression, & l'on prend ce bouillon en trois ou neuf prises, données à quelque distance l'une de l'autre. Le malade dont il s'agit, recouvra dès le premier bouillon la liberté du ventre, & en peu de jours fut entièrement rétabli.

On fait sécher & pulvériser la membrane intérieure de l'estomac de la Poule, & on l'emploie de cette manière, à la dose d'un demigros, pour exciter l'urine & pour arrêter le cours de ventre. Quelques Auteurs recommandent cette poudre, pour fortifier l'estomac & aider à la digestion, mais c'est une erreur populaire.

On applique la Poule entière & encore toute chaude sur la tête dans les fièvres malignes & dans les maladies du cerveau, telles que l'apoplexie, la léthargie, la phré-

H

nésie & le délire : on la plume sous le ventre, & on l'applique toute entière sur la région du cœur dans les fièvres malignes pétéchiales, accompagnées d'anxiétés & de défaillances ; elle attire le venin ou l'humeur morbifique, mais aux dépens de sa vie, car elle meurt bientôt ; & s'il y a beaucoup de malignité dans la maladie, il faut quelquefois jusqu'à trois Poules appliquées successivement pour soulager efficacement le malade ; c'est une observation d'un Docteur Allemand.

La graisse de Poule est émolliente, adoucissante ; elle tient le milieu entre celle d'oie & de porc ; elle est un peu moins pénétrante & acrimonieuse : on s'en sert pour remédier aux fissures des lèvres, aux douleurs d'oreilles, & aux pustules des yeux.

La fiente de Poule a les mêmes propriétés que celle du pigeon,

des Oiseaux de Basse-Cour. 171

voy. Chap. X du pigeon, mais cependant dans un degré plus foible. On la recommande contre la colique, la jaunisse, le calcul & la suppression d'urine : la partie blanche de cette fiente est la meilleure ; la dose en est d'un demi-gros soir & matin, quatre ou cinq jours de suite, soit en bol, soit en potion, dans une eau appropriée. Outre cet usage intérieur de la fiente de Poule, on s'en sert encore à l'extérieur ; on la calcine, & l'on en saupoudre les galles humides de la tête, qu'elle dessèche promptement. La partie jaune de cette fiente sert, suivant Schroder, à consolider les ulcères de la vessie : on la frit pour cela dans du beurre frais ou de l'huile d'olive ; on laisse ensuite refroidir le tout, pour en séparer les ordures qui se précipitent au fond.

1°. Prenez de la partie blanche de fiente de Poule récente, deux

H ij

scrupules; faites-les infuser à froid pendant douze heures dans un verre de vin blanc; passez ensuite le tout par un linge avec une légère expression pour une potion à donner neuf jours de suite, le matin à jeun, dans les contre-coups, le malade reste au lit pour attendre la sueur.

2°. Prenez de la partie blanche de fiente de Poule récente, trois onces; du beurre frais six onces, des feuilles de sauge & de plantain, de chacune une poignée & demie. Pilez le tout ensemble dans un mortier, & exprimez ensuite fortement l'onguent par un linge clair, ou à la presse; c'est un excellent remède contre la brûlure; on en fait un liniment sur l'endroit affecté, en le couvrant de feuilles de bettes ou de plantain.

La fiente de Poule est très-nuisible aux chevaux, à ce qu'on prétend; s'il s'en trouve dans le foin, le cheval dans le corps duquel elle passera, courra risque de mourir, ce qui se reconnoîtra à sa fiente, qui sera mouflée. Le remède est de prendre de la nouvelle fiente de Poule, un gros de graisse, douze livres de farine d'orge, on mêle le tout avec du vin, & on le fait avaler au cheval, ou bien on lui fait avaler de la semence de persil dix onces, avec une livre & demie de vin & une chopine de miel. On exerce l'animal jusques à ce que le mouvement lui lâche le ventre. S'il arrive que le poil lui dresse, on prend des baies de laurier, autant qu'on le juge à propos, une demi-livre de nitre, trois livres d'huile, & autant de vinaigre, dont on le frotte durant trois jours ; & on le tient dans un lieu chaud, pour qu'il ne sente pas le froid. On lui fera boire pendant ces trois jours de l'eau fraiche, dans laquelle on mettra tremper des feuilles de figuier sauvage. Ce re-

H iij

mède est tiré de *l'Encyclopédie Economique.*

Toute dangereuse que soit la fiente de Poule aux chevaux, les Maquignons ne laissent pas d'en faire usage avec succès dans une espèce de colique violente & dangereuse qui arrive aux Chevaux, & qu'ils appellent *tranchées rouges*. Ils choisissent & séparent la partie blanche de cet excrément. Ils en dissolvent une cuillerée dans environ deux livres de lait de vache, & ils font avaler le remède un peu chaud au Cheval malade.

La fiente de Poule s'emploie pour les engrais, de même que celle des Pigeons ; les pauvres gens font des lits avec ses plumes.

ARTICLE IV.

De la Poularde.

On donne le nom de Poularde à une Poule à qui on a ôté l'ovaire, pour la rendre grasse & tendre, en même temps que stérile. Cette opération se pratique à peu près de même que celle qu'on emploie pour ôter au Coq ses testicules. Sa chair est sans contredit plus délicate, plus succulente, plus nourrissante, & d'un goût plus fin, que celle de la Poule & du Poulet. On apprête cette volaille d'une infinité de façons.

La Poularde est un aliment savoureux, fin, nourrissant, facile à digérer, & fort sain. On en peut donner aux personnes les plus délicates, & même aux convalescens, dès qu'ils ont une fois la permission de manger de la viande. Ils prendront par préférence les ailes, & ce qu'on appelle les blancs de l'estomac, comme les parties les plus tendres. On leur servira cette volaille bouillie ou rotie; c'est l'apprêt le plus sain.

Article V.

Des Œufs.

On donne en général le nom d'œuf à un corps rond qui se trouve dans les femelles des animaux, & qui, fécondé par le mâle, produit un autre animal. Les oiseaux couvent leurs œufs, après qu'ils sont pondus; ceux-ci ont besoin d'un certain degré de chaleur, pour animer le germe fécondé qui y est contenu. Parmi les différentes espèces d'œufs, ceux dont on se sert communément pour multiplier une basse-cour, sont les œufs des Poules ordinaires; ceux de Poules d'Inde, d'Oie & de Canne; & parmi ceux-ci, il n'y a guère que ceux de Poule dont on fasse usage pour les alimens: aussi ramasse-t-on de ces derniers le plus qu'on peut, soit pour la nourriture de la maison, soit pour vendre.

Le poids moyen d'un œuf de Poule ordinaire est d'environ une once six gros. Si on ouvre un de ces œufs avec précaution, on trouvera d'abord sous la coque, une membrane commune qui en tapisse toute la cavité; ensuite le blanc externe qui a la forme de cette cavité; puis le blanc interne, qui est plus arrondi que le précédent; & enfin, au centre de ce blanc, le jaune, qui est sphérique. Ces différentes parties sont contenues, chacune dans une membrane propre; & toutes ces membranes sont attachées ensemble à l'endroit de ces *chalazæ*, ou cordons, qui forment, comme les deux pôles

H v

du jaune. La petite véficule lenticulaire, appelée *cicatricule*, fe trouve à peu près fur fon équateur, & fixée folidement à fa furface. Bellini, trompé par fes expériences, ou plutôt par les conféquences qu'il en avoit tirées, croyoit, & avoit fait croire à beaucoup de monde, que dans les œufs durcis à l'eau bouillante, la cicatricule quittoit la furface du jaune, pour fe retirer au centre; mais que dans les œufs couvés, durcis de même, la cicatricule reftoit conftamment attachée à la furface. Les Savans de Turin, en répétant & variant les mêmes expériences, fe font affurés que dans tous les œufs couvés ou non couvés, la cicatricule reftoit toujours adhérente à la furface du jaune durci, & que le corps blanc que Bellini avoit mis au centre, & qu'il avoit pris pour la cicatricule, n'étoit rien moins que cela, & ne paroifsoit en effet au centre du jaune, que lorsqu'il étoit ni trop ni trop peu cuit. Selon les Chimistes, le jaune de l'œuf renferme beaucoup de parties huileuses & un sel acide, volatil, & le blanc contient un acide plus fort, des parties huileuses, & une quantité modérée de phlegme; le jaune a ses principes plus divisés & plus exaltés.

Il est très-facile de rendre raison des accidens qui altèrent souvent la forme extérieure de l'œuf. Selon M. de Buffon, l'histoire de l'œuf même & de sa formation suffit pour cet effet. Il n'est pas rare, dit M. de Buffon, de trouver deux jaunes dans une seule coque. Cela arrive, selon lui, lorsque deux œufs également mûrs, se détachent en même temps de l'ovaire, parcourent ensemble *l'oviductus*, & formant leur blanc sans se séparer, se trouvent réunis sous la même enveloppe.

Si par quelque accident facile à fuppofer, un œuf détaché depuis quelque temps de l'ovaire, fe trouve arrêté dans fon accroiffement, & qu'étant formé, autant qu'il peut l'être, il fe rencontre dans la fphère d'activité d'un autre œuf qui aura toute fa force, celui-ci l'entraînera avec lui, & ce fera un œuf dans un œuf. M. le Cardinal de Luynes, Archevêque de Sens, a fait voir en 1767 à l'affemblée de l'Académie Royale des Sciences, un œuf gros comme une petite noix, trouvé dans un œuf de Poule. Ce petit œuf étoit beaucoup plus fphérique que celui qui lui fervoit d'enveloppe, & dans lequel on avoit trouvé le jaune & le blanc comme à l'ordinaire. Il eft fait mention d'un fait tout femblable dans les Actes de Copenhague, année 1679. L'Auteur de l'obfervation ajoute même qu'il avoit vu plufieurs autres œufs pareils, dont il ne restoit que la coque, & dont par conséquent il n'avoit pu examiner l'intérieur.

On comprendra de même, continue M. de Buffon, comment on trouve quelquefois dans un œuf une épingle, ou tout autre corps étranger qui aura pu pénétrer jusques dans *l'oviductus*.

Il y a des Poules qui donnent des œufs hardés ou sans coque, soit par le defaut de la matière propre dont se forme la coque, soit parce qu'ils sont chassés de *l'oviductus* avant leur entière maturité. Aussi n'en voit-on jamais éclorre des Poulets : & cela arrive, dit-on, aux Poules qui sont trop grasses. Des causes directement contraires produisent des œufs à coque trop épaisse, & même des œufs à double coque. On en a vu qui avoient conservé le pédicule par lequel ils étoient attachés à l'ovaire, d'autres qui étoient contournés en manière de croiſſant; d'autres qui avoient la forme d'une poire, d'autres enfin qui portoient ſur leur coquille l'empreinte d'un Soleil, d'une Comète, d'une éclipſe, ou de tel autre objet dont on avoit l'imagination frappée. On en a même vu quelques-uns de lumineux. Ce qu'il y avoit de réel dans ces premiers phénomènes, c'eſt-à-dire, les altérations de la forme de l'œuf, ou les empreintes à ſa ſurface, ne doit s'attribuer qu'aux différentes compreſſions qu'il avoit éprouvées dans le temps que ſa coque étoit encore aſſez ſouple pour céder à l'effort, & néanmoins aſſez ferme pour en conſerver l'impreſſion.

A l'égard de ces prétendus œufs de Coq, qui ſont ſans jaune, & contiennent, à ce que croit le peuple, un Serpent, ce n'eſt autre choſe, dans la vérité, que le premier produit d'une Poule trop jeune, ou le dernier effort d'une Poule épuisée par sa fécondité même, ou enfin ce ne sont que des œufs imparfaits, dont le jaune aura été crevé dans *l'oviductus* de la Poule, soit par quelque accident, soit par un vice de conformation ; mais qui auront toujours conservé leurs cordons ou *Chalazæ*, que les amis du merveilleux n'auront pas manqué de prendre pour un Serpent. C'est ce que M. de la Peyronie a mis hors de doute par la dissection d'une Poule qui pondoit de ces œufs. Mais ni M. de la Peyronie, ni Thomas Bartholin, qui ont disséqué de prétendus Coqs ovipares, ne leur ont trouvé d'œufs ni d'ovaires, ni aucune partie équivalente.

Un Fermier m'apporta, dit M. de la Peyronie, plusieurs œufs un peu plus gros que ceux d'un Pigeon, disant qu'ils avoient été pondus par un jeune Coq, qui étoit le seul de sa basse-cour, dans laquelle il y avoit aussi quelques Poules. Il étoit si persuadé de ce fait, qu'il m'assura positivement que, si je faisois éclorre quelques-uns de ces œufs, il naîtroit de chacun d'eux un Serpent; & pour me persuader ce qu'il annonçoit, il me dit que je n'avois qu'à ouvrir un de ces œufs, que je le trouverois sans jaune, & qu'au défaut du jaune, j'y verrois, en petit, mais fort distinctement, la figure d'un Serpent. Je fis, continue M. de la Peyronie, l'ouverture de l'un de ces œufs, en présence de M. le Bon, premier Président de la Chambre des Comptes, Aides & Finances, & de plusieurs autres personnes. Nous fûmes tous également surpris de voir cet œuf sans jaune, & de voir, au défaut du jaune, un corps qui ressembloit assez bien à un petit Serpent entortillé. Je le développai sans peine, après en avoir raffermi la substance dans de l'esprit-de-vin. J'en ouvris ensuite quelques-autres, que je trouvai, en gros, semblables au premier. Toute la différence qui s'y rencontroit, c'est que le prétendu Serpent n'étoit pas dans tous également bien représenté. J'en ai trouvé quelques-uns dans lesquels on voyoit une tache jaune, ronde, d'une ligne de diamètre, sans épaisseur, située sur la membrane qu'on trouve sous la coque. Cette tache répondoit à l'extrémité obtuse de l'œuf. La différence de ces œufs aux œufs ordinaires, qui ont tous un jaune, donna à M. de la Peyronie la curiosité d'approfondir cette matière. Étant très-persuadé que si les œufs avoient été pondus par un Coq, il falloit que celui-ci eût un organe particulier, & que, outre les deux testicules & les deux verges, il eût un ovaire & une trompe, ce qui l'auroit rendu hermaphrodite, il ouvrit en conséquence le jeune Coq, que l'on prétendoit avoir pondu les petits œufs; & par la dissection qu'il en fit, en présence de M. le Bon, de M. le Comte Marsigli & de M. Chirac, il y trouva deux gros testicules, qui donnoient origine à des vaisseaux de semence bien conditionnés, qui se terminoient, chacun de leur côté, par une petite verge dans le cloaque. Le Coq parut en conséquence très-vigoureux, mais incapable de ponte, par le défaut d'organes. M. de la Peyronie ne laissa pas cependant de faire couver quelques-uns de ces œufs qu'il avoit ramassés. Il les ouvrit après un mois de couvée, & il n'y trouva aucun changement, si ce n'est que le blanc étoit plus divisé & plus fluide qu'à l'ordinaire Le Fermier n'ayant plus de Coq, fut bien surpris de continuer à trouver des œufs semblables à ceux qu'il avoit déjà trouvés. Il fut pour lors attentif à découvrir d'où ils venoient. Il s'assura qu'ils étoient pondus par une Poule. Il apporta cette Poule à M. de la Peyronie.

J'apperçus, pendant tout le temps que je la gardai, dit M. de la Peyronie, qu'elle chantoit à peu près comme un Coq enroué, mais qu'elle fautoit avec beaucoup de violence; qu'elle rendoit par le cloaque des matières jaunes fort délayées, qui ressembloient à du jaune d'œuf détrempé dans de l'eau, & qu'elle pondoit de petits œufs semblables à ceux que j'avois ouverts. Convaincu de ces faits, continue ce Sçavant, j'en cherchai la cause dans les entrailles de la Poule, & je découvris une vessie de la grosseur du poing, pleine d'eau fort claire, attachée par la racine supérieure de son cou au ligament qui attache à l'ovaire le pavillon de *l'oviductus*, & par la racine inférieure au centre du mésentère de *l'oviductus*, ce qui étrangloit considérablement les deux parties de *l'oviductus*, que cette attache embrassoit. Leur étranglement occasionné par cette hydropisie particulière étoit si fort, que leur cavité enflée avec violence, n'avoit qu'environ cinq lignes de diamètre. Par conséquent cet œuf ordinaire, tel qu'il est en tombant dans la trompe, ne pouvant pas y passer sans la crever, ou sans crever lui-même le ventre de la Poule, parut rempli d'une liqueur jaune, dans laquelle nageoient de petites concrétions semblables à du jaune d'œuf durci, ce qui formoit une autre espèce d'hydropisie assez singulière. La grosse vessie remplie d'eau étoit la véritable cause de tous ces faits. Lorsqu'un œuf embrassé par le pavillon s'étoit détaché de l'ovaire, & qu'il étoit engagé dans *l'ovi-*

ductus, il passoit, quoique avec beaucoup de peine, au-delà du premier étranglement, & ne pouvoit pas passer absolument au-delà du second ; 1°. parce qu'il étoit plus grand que le premier ; 2°. parce que le blanc de l'œuf l'avoit grossi, l'humeur lui ayant été fournie par les membranes du canal qu'il avoit parcouru. L'œuf engagé entre les deux étranglemens, irritoit les membranes du canal qui ne pouvoit le chasser, redoubloit ses contractions, & obligeoit la Poule à se donner de grands mouvemens, & à faire de violens efforts, qu'elle exprimoit par des cris qui imitoient le chant d'un Coq enroué. Ces efforts pressoient la vessie pleine d'eau ; celle-ci s'appliquoit contre les attaches : & dans le concours de toutes ces différentes forces, l'œuf, dont les membranes étoient encore très-minces, qui n'avoit que très-peu de blanc & point de coque, se crevoit ; le jaune s'échappoit tantôt dans l'abdomen, tantôt dans le cloaque, selon le côté vers lequel la crevasse répondoit. Le volume de l'œuf étant diminué par la perte d'une grande partie du jaune, descendoit, malgré l'étranglement, & continuoit son chemin.

Il est à remarquer, c'est toujours d'après M. de la Peyronie, que l'éponge du blanc qui environne le jaune, ne laissoit pas de se remplir, quoiqu'elle fût percée dans l'endroit par où le jaune s'échappoit, & qu'elle marquât par-là de la tension qu'on avoit jugé devoir lui être nécessaire pour son accroissement ; malgré cela l'humeur du blanc, toujours fournie par les membranes de *l'oviductus*, grossissoit son éponge. A mesure qu'elle augmentoit, elle exprimoit le reste de la liqueur fluide du jaune, qui ne pouvoit résister à cause de son issue, & qui sortoit presque toujours entièrement ; il laissoit quelquefois des troux à un des coins de l'œuf, sous la forme d'une tache jaune, il pouvoit se faire aussi qu'il restât une petite portion du jaune ramassé, quoiqu'on n'en ait jamais ouvert où il s'en soit trouvé.

Pendant que le jaune se vuide peu-à-peu, les *chalazæ* se rangeoient différemment, selon l'endroit de la crevasse de l'œuf ; si elle se trouvoit à côté d'un *chalazæ*, les cellules des environs du *chalazæ* opposé grossissant, choisissoient l'autre qui se colloit à l'angle obtus de l'œuf, où il trouvoit une moindre résistance, aussi le trouve-t-on souvent collé à cet endroit plusieurs fois, même ensemble avec la tache jaune. Mais lorsque l'ouverture se faisoit dans un endroit du jaune également éloigné des deux *chalazæ*, ils travailloient de concert à chasser le jaune, & se réunissoient ensuite au centre de l'œuf par le resserrement de la membrane du jaune, au bout de laquelle ils font fortement attachés, ce qui repréfente un ferpent beaucoup plus entortillé, que lorfqu'il n'y avoit qu'un feul *chalaze*, après que le jaune étoit entiérement vuidé, & qu'il avoit eté fuivi de ce qui fe trouvoit de plus fluide dans le blanc, fon ouverture étoit bien cicatrifée par la vifcofité du blanc renfermé dans un corps fpongieux, auffi-bien que par les matières graffes, dont l'intérieur de *l'oviductus* eft enduit, & enfin par la matière de la coque de l'œuf qui fe crève au bas de ce conduit. M. de la Peyronnie a ramaffé de cette humeur, & l'ayant expofée à une douce chaleur, elle a fait une fubftance femblable à la coque; il y a, felon lui, apparence qu'une portion du blanc s'échappoit avec le jaune, puifqu'il n'y en avoit dans chaque petit œuf qu'environ le tiers de ce qu'on en trouve dans un œuf ordinaire

des Oiseaux de Baſſe-Cour. 193

naire. Il a même trouvé quelquefois la cicatrice de l'ouverture de la membrane par où le jaune s'étoit échappé, ſi intimement collée à la partie de la coque qui y répondoit, qu'on n'auroit pu l'en déchirer, ce qui n'arrivoit pas dans tout le reſte de la circonférence.....

Le Mémoire de M. de la Peyronnie eſt ſi ſatisfaiſant, qu'on ne peut y ajouter rien de plus; tout ſe réunit pour démontrer la fauſſeté de l'opinion populaire à l'occaſion des prétendus œufs de Coq, & cependant cette opinion ſubſiſte toujours, & ſubſiſtera probablement encore long-temps. MM. Salerne & Arnault de Nobleville rapportent dans leur matière médicale, qu'ils ont coupé la gorge impitoyablement à un Coq vigoureux & d'une grande beauté, pour avoir été ſoupçonné d'avoir pondu quatre ou cinq œufs, qu'on n'auroit pas manqué d'écraſer sur le champ avec horreur; ces

I

deux Médecins l'ouvrirent, & ils lui ont trouvé deux gros testicules avec leurs dépendances, & tous les viscères parfaitement constitués, comme ils l'avoient présumé d'avance.

Comme les œufs sont d'une grande utilité pour nos alimens, & qu'on n'a pas toujours la facilité d'en avoir, on a trouvé le moyen de pouvoir les garder d'un temps à un autre; les plus propres à conserver sont ceux d'Octobre. On prend pour cet effet du son, des cendres; on y met les œufs. On peut encore les mettre dans un tas de bled, d'avoine, ou de millet, ou tout simplement dans des caisses de bois, qu'on place dans un lieu froid en été, & dans un lieu chaud en hiver.

La méthode ordinaire des gens de la campagne, pour conserver les œufs frais, est de les mettre dans une terrine ou autre vaisseau, &

des Oiseaux de Basse-Cour.

de verser de l'eau par-dessus, en-sorte qu'elle surnage. On renouvelle cette eau tous les jours, ou au moins tous les deux jours, où bien on fait cuire les œufs à la manière ordinaire, comme pour les manger à la coque, ensuite on les garde ; & quand on les veut manger, on les fait seulement réchauffer dans l'eau ; ils conservent parfaitement tout leur lait, & sont aussi frais que s'ils étoient nouvellement pondus. Selon d'autres personnes, on fait cuire les œufs à demi, après quoi on les met dans de l'eau fraîche, & on les laisse refroidir ; on met ensuite dans un baril un lit de sel & un lit de ces œufs alternativement, prenant garde de les casser, & quand on les veut manger, on les met dans de l'eau bouillante hors du feu ; on peut aussi, sans les faire cuire, les mettre par lits dans un baril avec de la bonne cendre tamisée ; en cas qu'il s'en caſſe quelqu'un, la cendre en bouche auſſi-tôt l'ouverture, & empêche que le reſte ne ſe gâte. D'autres font premièrement un lit de ſel, puis un lit d'œuf, enſuite une autre couche de ſel, & une d'œufs, & ainſi alternativement, ſans que les œufs ayent eu aucun degré de cuiſſon; on conſeille encore de mettre les œufs dans la paille de ſeigle durant l'hiver, & en été dans du ſon, ainſi que nous venons déjà de l'obſerver; mais il n'eſt pas moins vrai de dire que la paille ne les empêche pas de ſe gâter, il eſt même d'expérience qu'ils s'y échauffent, quoiqu'il faſſe froid. Certaines perſonnes ſont dans l'habitude de les mouiller avec de l'eau, puis de les couvrir de ſel pilé, ce qui revient à un des moyens propoſés par M. de Réaumur; d'autres, avant de les mettre dans la paille, ou dans du ſon, les laiſſent trois ou quatre heures dans de la faumure tiède.

Il est de fait que, pour conserver long-temps les œufs, & les avoir toujours aussi frais que s'ils venoient d'être pondus, il suffit d'arrêter leur transpiration, en leur ôtant la communication de l'air extérieur ; c'est à quoi on peut parvenir par le moyen d'un enduit de vernis, ou en les frottant simplement de quelque matière grasse, comme huile, beurre, suif, lard, &c. le même jour qu'ils ont été pondus ; ou bien après avoir rempli des pots d'œufs nouvellement pondus, on y verse de la graisse de mouton fondue, ensorte qu'elle garnisse tous les vuides jusqu'au haut des pots ; mais il faut avoir attention que cette graisse ne soit pas assez chaude pour cuire les œufs ; on les conserve ainsi pendant deux ans, & même davantage. Dans l'art de faire éclorre les poulets, M. de

Réaumur a fait des observations curieuses, concernant les œufs non-fécondés, lesquels, sans enduit, demeurent long-temps frais ; & quand on veut se servir d'enduit, les résines cuites avec la térébenthine en peuvent faire l'office.

Parmi les expériences de M. Pringle, sur les substances anti-septiques, la dix-septième montre que les œufs gâtés peuvent être rétablis dans leur premier état de bonté & de salubrité, si on les laisse fermenter avec une forte infusion de fleurs de camomille.

Il y a différentes marques pour connoître si les œufs sont frais ; on les approche un peu du feu ; s'ils jettent une petite humidité, c'est signe qu'ils le sont ; on le peut connoître aussi, lorsqu'ils paroissent transparens, en les regardant à la lumière, & posant la main en travers sur le bout de l'œuf qui tourne en haut. Plus l'œuf paroît plein, plus il est frais ; les meilleurs œufs ont la coquille claire & mince, la forme alongée, & les bouts presque pointus ; en les mirant, il faut que le blanc soit clair, & que le jaune flotte régulièrement dans le milieu.

Dans les Indes occidentales, chez les Malaies, on a le secret de saler les œufs sans casser les coquilles, en les faisant cuire durs, ce qui les rend fort délicats, les conserve long-temps, & les rend commodes pour être transportés en voyage. Ce secret consiste à les enduire d'une pâte faite avec de la terre grasse, des cendres communes & du sel marin ; on les met ensuite dans le four, ou sous une braise ardente, & on les y laisse autant de temps qu'il faut pour les faire cuire ; ils se conservent si bien avec cette préparation, que les vaisseaux Européens en font provision pour leurs voyages.

Tout le monde fait que, parmi les alimens, il ne s'en trouve guères qui foit plus en ufage que les œufs; ils font également bons dans l'un ou l'autre état, foit de maladie, foit de fanté; on les accommode de bien des façons, & on en prépare différens mets, qui ne conviennent pas néanmoins tous également pour la fanté.

Les œufs bien frais, & cuits dans l'eau, de façon que ni le blanc ni le jaune ne fe trouvent avoir trop de confiftance, fe digèrent très-aifément, forment un bon chyle; &, comme ils embraffent les parties âcres, qui peuvent faire des irritations, ils appaifent la toux, & éclairciffent la voix. Ils favorifent en outre la refpiration; ils réparent les efprits; ils purifient les humeurs; ils fortifient; en un mot, il n'y a point d'aliment plus propre que celui-là, pour nourrir la plûpart des infirmes, sans charger leur estomac.

On se sert encore des œufs pour la nourriture de quelques animaux, lorsqu'ils sont encore jeunes. On en donne le jaune durci au feu aux Serins, aux Dindonneaux, aux Poulets, aux Faisandeaux; & rien n'est aussi meilleur pour engraisser les Veaux, que de leur faire avaler, pendant l'intervalle qu'on leur donne du lait, de grosses boules préparées avec de la farine d'orge & des œufs.

Quant aux propriétés des œufs, en Médecine, elles sont fort étendues. On emploie leur coque, le blanc, le jaune & la membrane qui couvre l'œuf sous la coquille. Les coquilles d'œuf, poussent par les urines, détergent les reins, & font sortir les graviers. On les réduit en poudre fine sur le porphyre, après les avoir fait sécher. La dose est d'un demi-gros, soit en bol, soit en quelque eau diurétique.

I v

Cette poudre est un des principaux ingrédiens du remède lithontriptique de Mademoiselle Stephens, & de celui du sieur Rotrou, contre les écrouelles.

Le blanc d'œufs est rafraîchissant, astringent & agglutinatif. On l'emploie spécialement dans les collyres contre la rougeur & l'inflammation des yeux ; on le mêle avec le bol, pour agglutiner les plaies ; il entre aussi dans les frontaux. Tout le monde sait la propriété qu'il a de clarifier le syrop. Hypocrate faisoit prendre trois ou quatre blancs d'œufs aux Fébricitans, pour les rafraîchir & les relâcher.

Le jaune d'œuf est anodin, maturatif, digestif & laxatif. On l'emploie dans les digestifs & dans les lavemens contre les coliques violentes, le tenême & la dysenterie. Si on le mêle avec un peu de sel, & si on l'applique, dans une

des Oiseaux de Basse-Cour. 203

coquille de noix, sur le nombril des petits enfans, il leur lâche le ventre. D'autres, pour la dureté du ventre des enfans, le mêlent avec un peu de fiel de Taureau, & s'en servent de la même façon. Un jaune d'œuf frais, battu dans de l'eau chaude, avec un peu de syrop de capillaire, est ce qu'on nomme *lait de Poule*. C'est un excellent remède contre le rhume & la toux opiniâtre. On le prend trois ou quatre jours de suite le soir en se couchant. Les Apothicaires conservent dans leurs Pharmacies une huile qu'ils tirent des jaunes d'œufs, par expression. Cette huile est propre pour adoucir la peau, pour remplir les cavités de la petite vérole, pour les crevasses du sein, pour la brulure, & pour calmer la douleur des hémorrhoïdes.

La membrane déliée qui couvre l'œuf sous la coquille, est aussi diurétique. On l'emploie à l'extérieur pour les fièvres intermittentes. On en enveloppe le bout du petit doigt, au commencement de l'accès. Elle y cause une grande douleur, quelquefois même un panaris artificiel, qui est souvent suivi de la guérison.

Un œuf dur mangé avec du vinaigre rosat, passe pour être très-bon, suivant quelques Auteurs, contre la diarrhée opiniâtre. Un blanc d'œuf mousseux, mêlé avec douze onces d'eau de chiendent & un peu de sucre, est très-vanté contre la jaunisse, pourvu qu'on en continue l'usage soir & matin. Ce même blanc d'œuf, durci par la cuisson, fournit, par l'expression, une liqueur limpide, qui est un excellent ophthalmique, & qui est très-bonne dans les plaies & les ulcères des yeux. Si l'on fait cuire un œuf dur, qu'on en ôte le jaune, qu'on remplisse la cavité de vitriol

des Oiseaux de Basse-Cour. 205

blanc, & qu'on mette le tout dans la cave, il se fond en une liqueur admirable pour les mêmes maladies. Enfin, si l'on perce un œuf dur avec une longue aiguille, & qu'on le mette dans un lieu frais, il en sortira une liqueur blanche & limpide, très bonne pour adoucir la peau, & pour emporter les taches du visage, principalement si l'on y fait dissoudre quelques grains de camphre.

1°. Prenez telle quantité qu'il vous plaira de coquilles d'œufs, lavez-les bien dans plusieurs eaux, & en ôtez la pellicule qui est en dedans, faites-les ensuite sécher au soleil, & lorsqu'elles seront parfaitement séches, vous les pilerez & les réduirez en poudre impalpable, en les broyant sur le porphyre. C'est la meilleure préparation des coquilles d'œufs.

2°. Prenez de la térébenthine de Venise, bien claire, une once; de la poudre de coquilles d'œufs, une demi-once; de la rhubarbe & des trochisques de Karabé, de chacun deux gros; de sucre fin, deux onces; mettez en poudre ce qui doit être pulvérisé, & incorporez le tout dans un mortier de marbre, avec une suffisante quantité d'huile d'amandes douces récente, pour former un opiat contre les glaires de la vessie & les graviers, à prendre dans du pain-à-chanter, à la dose d'un gros à un gros & demi soir & matin, en continuant pendant du temps.

3°. Prenez de la poudre de coquilles d'œufs préparée & de celle de coquille de Limaçons, aussi préparée, de chacune quinze grains; des yeux d'Écrévisse préparés, dix grains; mêlez le tout pour une dose à prendre pendant neuf jours le matin à jeun, dans la pierre & rétention d'urine, en avalant par-dessus un verre d'infusion de turquette ou de pariétaire.

4°. Prenez de l'eau de rose & de plantain, de chacun deux onces ; agitez-les bien avec un blanc d'œuf, jusqu'à ce que le blanc d'œuf soit entièrement dissous & réduit en liqueur, pour un collyre anodin & rafraîchissant.

5°. Prenez d'huile d'œuf & de l'onguent *populeum*, de chacun deux gros ; mêlez-les ensemble, pour faire un liniment contre les hémorrhoïdes gonflées & douloureuses.

6°. Prenez du son & des feuilles de bouillon blanc, de chacun une poignée ; de la graine de lin, deux pincées ; faites bouillir le tout dans une livre & demie d'eau commune, jusques à la diminution d'un tiers ; délayez dans la colature deux jaunes d'œufs, pour un lavement anodin, contre la colique, le ténême & la dysenterie.

7°. Prenez de thérébentine

claire & d'onguent *bafilicon*, de chacun une demi-once; de miel-rofat, deux gros; d'huile de millepertuis, un gros, & un jaune d'œuf; mêlez le tout enfemble, pour un digeftif.

8°. Prenez fix œufs frais, caffez-les avec les coquilles dans une fuffifante quantité de bon vinaigre; battez le tout, & le laiffez repofer pendant un jour, pour que les coquilles ayent le temps de fe diffoudre; levez enfuite la peau qui fe forme deffus, que vous rejetterez comme inutile; mettez le tout fur un petit feu, jufques à ce qu'il ait acquis la confiftance de miel épais; étendez une partie de ce mélange fur des étoupes, pour un cataplafme à appliquer chaudement fur les loupes, en le renouvelant tous les jours jufqu'à guérifon. Il faut avoir foin de bien manier la loupe auparavant, pour l'échauffer & l'amollir.

9°. Prenez de thérébenthine claire & nette, une once; de borax, deux gros, & trois jaunes d'œufs; mêlez le tout dans un mortier de marbre, en versant par-dessus de l'eau de fleurs de fèves, une livre & demie; filtrez ensuite la liqueur & gardez-la pour l'usage. C'est un cosmétique des plus vantés pour adoucir la peau, embellir le teint, & emporter les taches du visage.

On fait encore souvent usage des œufs dans l'art vétérinaire. Nous allons rapporter ici quelques formules de la matière médicale vétérinaire, où M. Bourgelat les fait entrer.

1°. *Bol diurétique & incisif.* Prenez savon blanc rapé, une once; cloportes en poudre, coquilles d'œufs pulvérisées, de chacun un gros; faites du tout un bol avec une suffisante quantité de conserve de génièvre, roulez dans du son.

2°. *Lavemens diurétiques.* Prenez décoction de feuilles de mauve, de guimauve, de chacune trois livres, dans laquelle on aura fait infuser fleurs de camomille & de mélilot; délayez-y térébenthine deux onces; après l'avoir dissoute dans deux jaunes d'œufs, ajoutez-y sel de prunelle une once; faites un lavement: ou prenez racines de guimauve, de lys blanc, de chacune deux onces; feuilles de guimauve, de mauve, de pariétaire, de chacune une poignée; semences de lin, une once; faites bouillir dans cinq livres d'eau commune, jusques à diminution d'un tiers; coulez, délayez dans huit jaunes d'œufs deux onces de térébenthine; mêlez dans la décoction; ajoutez trois onces d'huile de noix.

3°. *Bouillie analeptique pour les Chevaux.* Prenez fleur de farine de froment, deux livres; trois jaunes d'œuf, suffisante quantité

des Oiseaux de Basse-Cour. 211

d'eau tiède, pour en former une pâte en pétrissant le tout; découpez cette même pâte; faites-la bouillir dans suffisante quantité d'eau, & jusques à une consistance de bouillie ou de panade liquide; donnez-en de trois heures en trois heures à l'animal deux ou trois onces. Cette bouillie est des plus restaurantes.

4°. *Panade analeptique.* Prenez suffisante quantité de pain de froment; faites-le sécher au four; réduisez-le en poudre; délayez cette même poudre dans suffisante quantité de lait de Vache; laissez-le tiédir sur la cendre chaude pendant une demi-heure; ajoutez-y quatre jaunes d'œufs; faites chauffer jusques à ébullition, en remuant toujours, & donnez de même que la bouillie précédente.

5°. *Lavement nutritif.* Prenez une tête de mouton, quatre jaunes d'œufs, une suffisante quantité d'huile de noix, faites bouillir dans cinq livres d'eau commune jufqu'à l'entier dépouillement des os, coulez, faites un lavement, ou bien, prenez cinq livres de lait de vache, quatre jaunes d'œufs, faites bouillir pour un lavement.

6°. *Collyre reftrictif.* Prenez mucilages de femences de coing, de pfyllium tiré avec l'eau rofe, une once, un blanc d'œuf bien battu, deux onces d'eau de plantain, douze grains de camphre, mêlez, faites un collyre : ou prenez vitriol blanc un gros, camphre un demi-fcrupule, jus de Florence un fcrupule, un blanc d'œuf durci, le jaune ayant été enlevé, faites macérer le tout dans fix onces d'eau de plantain ou de rofes, broyez jufqu'à une certaine folution, coulez pour un collyre.

7°. *Gargarifme aftringent.* Prenez eau diftillée d'ofeille une demi-livre, un blanc d'œuf, chryftal minéral deux gros, miel blanc trois onces, battez, mêlez exactement & injectez.

8°. *Cataplasme astringent.* Prenez suffisante quantité de mie de pain fraisée, prenez aussi suffisante quantité de lait de vache ou de décoction émolliente, ajoutez sur chaque livre de cataplasme, à la fin de la décoction, un jaune d'œuf & un demi-gros de safran pour un cataplasme anodin: ou bien prenez mie de pain fraisée deux poignées, faites bouillir dans trois livres de décoction de sureau, ajoutez deux onces de menthe seche pulvérisée, une demi-once de safran, une once de miel, deux jaunes d'œufs, mêlez, faites un cataplasme.

11°. *Billot anodin.* Prenez sirop violet quatre onces, six jaunes d'œufs, cinq onces d'eau distillée de roses, mêlez, formez & garnissez-en un billot.

11°. *Cataplasmes résolutifs & fortifians* ; prenez mie de pain fraisée, six poignées ; une poignée de pain de roses, faites cuire dans deux livres de lie-de-vin ; ajoutez-y trois onces de térébenthine, quatre blancs d'œufs, mêlez pour un cataplasme résolutif & fortifiant ; ou bien prenez deux livres de suie de cheminée ; térébenthine, miel, poix grasse, de chacune une demi-livre ; faites fondre le tout dans un pot, ajoutez-y une livre & demie de vinaigre, six jaunes d'œufs, mêlez pour un cataplasme résolutif & fortifiant.

12°. *Onguens digestifs* ; prenez quatre onces de térébenthine de Venise, deux jaunes d'œufs, huile rose ou huile de millepertuis, suffisante quantité, délayez la térébenthine avec les jaunes d'œufs, agitez le tout jusqu'à mélange parfait, ou bien prenez quatre jaunes d'œufs, quatre onces de baume d'arceus, deux onces d'huile d'hypericum ; mêlez sur un feu léger pour un onguent, auquel vous ajouterez, suivant les indications, onguent de styrax, ou mondicatif d'ache, ou egyptiae, ou baume de fioraventi, ou élixir de propiété une once.

Les œufs sont encore d'usage dans les arts ; on les emploie pour enlever les taches sur les habits ; on prend pour cet effet un jaune d'œuf, & on en met sur la tache ; on applique ensuite une serviette ou un autre linge blanc par-dessus, & avec la main on prend de l'eau, qu'on aura fait chauffer, aussi chaude qu'on pourra la souffrir ; on en imbibe bien le linge & toute l'étoffe ; on frotte le tout ensemble un instant, & à deux ou trois reprises, mettant à chaque fois de l'eau par-dessus ; après quoi on ôte le linge qui aura attiré le jaune d'œuf, & qui avec lui aura enlevé la tache ; on rince dans de l'eau claire l'endroit où étoit la tache, & on le laisse sécher à l'ombre ; de cette façon il ne paroîtra plus rien, & quelque tache que ce puisse être, soit d'huile, de graisse, ou de cambouis, elle s'enlèvera tout de suite.

On prend encore pour enlever les taches une livre de savon blanc de Venise, six jaunes d'œufs, & une demi-cuillerée de sel pilé ; on incorpore le tout avec suffisante quantité de suc de poirée ; on en forme des pains, qu'on met sécher à l'ombre, & pour s'en servir, on mouille d'eau claire le drap taché, puis on le frotte des deux côtés de ce savon, & le lavant ensuite, la tache s'en ira.

On se sert des œufs pour faire de l'encre portative ; on jette pour la faire un jaune d'œuf sur une demi-livre de bon miel ; on les bat ensemble pendant long-temps avec un bâton plat, puis on soupoudre
la

la matière de gomme arabique à la quantité de trois gros en poudre fine : on remue le tout souvent pendant trois jours avec un bâton de bois de noyer ; on y mêle ensuite du bon noir de fumée, jusqu'à ce que la matière soit comme une pâte, qu'on fera sécher à l'air. Pour s'en servir, il faut la détremper avec de l'eau, ou avec une lessive de cendre de sarment, ou de noyer, ou de chêne, ou même de noyaux de pêche.

Les blancs d'œufs sont très-utiles pour raccommoder la fayence cassée ; on fait calciner des écailles d'huitre, & on les réduit en poudre très-fine, passée au tamis de soie, ou broyée sur le marbre, au point d'être impalpable. On prend un ou plusieurs blancs d'œufs, selon qu'on aura de poudre ou d'ouvrages à faire ; on en fait avec la poudre une pâte ou colle, & on en oint les deux parois opposées de la

K

fayence qu'on voudra rejoindre, & après avoir replacé les morceaux l'un contre l'autre, comme ils doivent être, on les tient serrés pendant huit minutes.

On prend encore, pour recoller les vases cassés & même les pierres de taille, ce que l'on veut de blancs d'œufs, & on les bat fortement ; on y ajoute ensuite du fromage mou & de la chaux vive, & on les agite bien ensemble ; ce mastic sert à tout ce que l'on veut, même aux verres, tant pour l'eau que pour le feu.

Les coquilles d'œufs s'emploient encore pour faire des figures, & des vases ; les Relieurs font usage de leurs blancs pour polir les couvertures des livres ; on en fait aussi entrer dans quelques vernis & mastics. Nous ne nous étendrons pas davantage sur ces objets ; l'article des œufs ne se trouve déjà que trop long ; mais comme l'œuf est si usuel & si commun, nous avons cru devoir rapporter ici quelques-uns de ses usages.

ARTICLE VI.

Des Poulets & de la manière de les élever.

Après avoir parlé de l'œuf dans l'article précédent, il est actuellement question d'expliquer comment s'y fait le développement du Poulet. Quand l'œuf a été une fois fécondé par le concours du Coq avec la Poule, l'embryon du Poulet se trouve à l'instant formé dans la cicatricule de cet œuf; mais pour le développer, il faut l'incubation: aussi le Créateur a-t-il inspiré à la Poule le goût de couver, lorsqu'elle a pondu la quantité nécessaire d'œufs à sa couvée. Voici à peu près l'ordre dans lequel se fait ce développement. L'œuf n'a pas été couvé plus de cinq ou six heures, qu'on remarque auffitôt très-diftinctement la tête du Poulet jointe à l'épine du dos, nageant dans la liqueur, dont la bulle qui eft au centre de la cicatricule eft remplie; & dès la fin du premier jour, la tête fe trouve déjà recourbée en groffiffant.

 Le fecond jour, on apperçoit les premières ébauches des vertèbres, qui font comme des petits globules difpofés des deux côtés du milieu de l'épine. On remarque auffi le commencement des ailes, & les vaiffeaux ombilicaux dont la couleur eft obfcure. Le cou & la poitrine fe débrouillent; la tête groffit toujours; on y découvre les premiers linéamens des yeux & trois véficules entourées, de même que l'épine & les membranes tranfparentes. La vie du fœtus fe manifefte pour lors bien davantage; fon cœur bat & fon fang circule.

Le troisième jour, tout est plus distinct; & la raison, c'est que tout a grossi. Ce qu'il y a de plus curieux, c'est de voir pour lors le cœur qui pend hors de la poitrine, & bat trois fois de suite; une fois en recevant par l'oreillette le sang contenu dans les veines; une seconde fois, en le renvoyant aux artères; & la troisième fois, en le poussant dans les vaisseaux ombilicaux. Ce mouvement se continue même vingt-quatre heures après que l'embryon a été séparé du blanc de son œuf. On remarque aussi des veines & des artères sur les vesicules du cerveau. Les rudimens de la moëlle de l'épine commencent à s'étendre le long des vertèbres. Enfin on voit tout le corps du fœtus comme enveloppé d'une partie de la liqueur environnante, qui a pris plus de consistance que le reste.

Les yeux se trouvent déjà fort

avancés le quatrième jour. On y distingue très-bien la prunelle, le chrystallin, l'humeur vitrée. On remarque en outre dans la tête cinq vesicules pleines d'humeur, qui, par leur approche les unes sur les autres les jours suivans, forment enfin le cerveau enveloppé de toutes ses membranes. Les ailes croissent, les cuisses commencent à paroître, & le corps à prendre de la chair.

Le cinquième jour, le corps se recouvre entiérement d'une chair onctueuse; le cœur se trouve retenu par une membrane fort mince, cette membrane s'étend sur la capacité de la poitrine, & on voit les vaisseaux ombilicaux sortir de l'abdomen.

Le sixième jour, la moëlle de l'épine, après s'être divisée en deux parties, continue de s'avancer le long du tronc; le foie, de blanchâtre qu'il étoit, se change dans une couleur obscure; le cœur bat dans ses deux ventricules; le corps du Poulet est recouvert de la peau, & sur cette peau, on voit déjà pointiller les plumes.

Le septième jour, on distingue très facilement le bec; le cerveau, les ailes, les cuisses & les pieds ont acquis leur figure parfaite; les deux ventricules du cœur paroissent comme deux bulles contiguës & réunies par leur partie supérieure avec le corps des oreillettes; on apperçoit deux mouvemens successifs dans les ventricules, aussi-bien que dans les oreillettes: ce sont comme deux cœurs séparés.

A la fin du neuvième jour, le poumon paroît. Sa couleur est pour lors blanchâtre. Le dixième jour, les muscles des ailes achèvent de se former. Les plumes continuent de sortir, & l'onzième jour, les artères qui se trouvoient auparavant éloignées du cœur, s'y attachent, & cet organe se trouve pour lors parfaitement conformé & réuni en deux ventricules. Les jours suivans, les parties se développent toujours de plus en plus, jusqu'à ce qu'enfin le Poulet casse sa coquille: ce qui arrive, pour l'ordinaire, le vingt-unième jour, quelquefois le dix-huitième, d'autres fois le vingt-septième.

Tel est l'effet de l'incubation opérée par une Poule; telle est la marche des phénomènes qui accompagnent le développement du Poulet, & qui offrent un spectacle si intéressant pour un Observateur. Mais une chose sur-tout digne d'admiration, est la situation de la cicatricule où se forme le Poulet. Cette petite tache ronde, qui est sur l'enveloppe du jaune, se trouve toujours placée presque au centre de l'œuf & vers le haut du côté de la mère, pour en recevoir la chaleur dont il a besoin: comme le

des Oiseaux de Basse-Cour.

lumignon d'une lampe de Matelot se tient toujours vers le haut par la mobilité des pivots de la lampe, & par la pesanteur du vase d'huile, qui gagne toujours le bas, malgré l'agitation du vaisseau.

Voici la raison pour laquelle le petit n'est jamais renversé, quand on remue l'œuf. Le jaune se trouve soutenu par deux ligamens qu'on trouve toujours à l'ouverture de l'œuf, & qui s'attachent de part & d'autre à la membrane commune, qui est colée sur la coque. Si on tiroit une ligne, d'un ligament à l'autre, elle ne passeroit pas juste par le milieu du jaune; mais au-dessus du centre, & couperoit le jaune en deux portions inégales: en sorte que la moindre partie du jaune où le germe est posé, demeure nécessairement élevée vers le centre de l'oiseau qui couvre l'œuf; & que l'autre partie étant plus grosse & plus pesante, descend toujours vers le bas, autant que les liens le permettent. Si l'œuf se déplace, le petit n'en souffre point ; & il jouit, quoi qu'il arrive, de la chaleur qui met toute action chez lui, & qui perfectionne peu à peu le développement de ses parties. Ne pouvant plus glisser en bas, il se nourrit à l'aise d'abord de ce blanc liquide & délicat qui est à portée de lui ; ensuite il tire sa vie & son accroissement du jaune, qui est une nourriture plus forte. Lorsque son bec est durci, & qu'il commence à s'ennuyer de sa prison, il fait effort pour rompre la coque, & il la rompt en effet. Il sort, le ventre tout plein de ce jaune, qui lui tient lieu de nourriture encore quelque temps, jusques à ce qu'il puisse s'affermir sur ses pattes, & aller chercher lui-même à vivre, ou que le père & la mère lui en viennent apporter.

La Poule qui couve, dit M. de

Réaumur, ne se sert pour lors de son bec que pour retourner les œufs, leur faire changer de place, & quelquefois pour jeter hors du nid les fragmens de la coquille, dont le Poulet est parvenu à se débarrasser ; mais le Poulet, qui se trouve renfermé dans l'œuf, est seul chargé de tout l'ouvrage qui doit être fait avant qu'il se puisse mettre en liberté : ouvrage, qu'on estimeroit bien au-dessus de ses forces, si des observations journalières n'apprenoient celles qu'il a, & comment il sait les employer, quand son état actuel lui fait sentir le besoin qu'il a de naître, de commencer à jouir d'une vie active, très-différente de celle qu'il a passée dans le plus parfait repos. La manière dont ses parties extérieures sont posées, ne feroit pas juger qu'il fût en son pouvoir de surmonter les obstacles qui s'opposent à sa sortie d'un logement devenu pour lui une prifon. Il eft alors prefque mis en boule. Son cou, en fe courbant, defcend du côté du ventre, vers le milieu duquel fa tête fe trouve placée. Le bec eft paffé fous une des ailes, comme l'eft celui d'un oifeau qui dort. Cette aile eft conftamment l'aile droite. Les pattes font ramenées fous le ventre, ainfi que font quelquefois celles des Poulets & des Pigeons qu'on veut mettre à la broche ; les doigts recourbés alors vers le derrière, touchent prefque la tête par leur convexité. La partie antérieure du Poulet eft ordinairement du côté du gros bout de l'œuf, où le vuide fe fait conftamment. Il eft contenu dans cette attitude, qui paroît fi peu favorable aux mouvemens qu'il fembleroit dans la néceffité de fe donner, par une épaiffe & forte membrane. C'eft pourtant fans changer cette attitude, qu'il exécute ce qu'il y a de plus difficile, qu'il brise sa coquille, qu'il déchire la solide membrane dans laquelle il est empaqueté, & qui résiste autant à ses efforts qu'une coquille qui est dure, mais friable. Sa coquille est une espèce de mur qu'il faut percer & abattre. Le bec est l'instrument qui doit être employé à le piocher; c'est avec la pointe du bec que le Poulet frappe des coups réitérés. Ils sont souvent assez forts pour se faire entendre; & si l'on sait épier les momens, on les lui voit donner. La tête n'en reste pas moins sous l'aile. Nous avons dit trop peu, lorsque nous avons dit qu'elle y est placée comme celle d'un oiseau qui dort; elle y est plus avancée. Le bec sort de dessous cette aile du côté du dos. La tête en se donnant des mouvemens alternatifs, d'arrière en avant & d'avant en arrière, ou plus exactement, du ventre vers le dos, & du dos

vers le ventre, atteint & frappe la coquille plus ou moins rudement, selon la vîtesse de son mouvement. Pendant qu'elle agit, elle est en quelque façon guidée par l'aile & par le corps, qui la contiennent, & l'empêchent de s'écarter. Elle est très-pésante ; car la grosseur de la tête du Poulet, prêt à naître, est considérable, par rapport au volume de son corps : elle fait, avec le cou, un poids si lourd pour le Poulet, que, quelques instans après qu'il est né, il est encore incapable de se soutenir. Mais la manière dont toutes ses parties sont disposées, pendant qu'il est dans l'œuf, pendant qu'elles forment une espèce de boule par leur arrangement, lui rend ce poids du cou & de la tête facile à porter. En quelque position que soit l'œuf, la tête est soutenue, soit par le corps, soit par l'aile, soit par l'un & l'autre à la fois. Enfin, plus la masse

des Oiseaux de Basse-Cour. 231

de la tête est considérable, & plus sont forts les coups que le Poulet lui fait donner.

Il est à observer qu'entre les parties du Poulet qui étoient droites, étendues, & portées loin du corps, dans les premiers jours, les unes, dans les derniers jours, sont pliées aux endroits de leurs articulations; les autres, courbées, & plus rapprochées du corps; mais ce qu'il y a sur-tout à remarquer, c'est que la disposition des parties extérieures ne donne à la masse totale du Poulet la forme d'une boule, & que le bec n'est passé sous l'aile, que quand le temps, où cette disposition sera nécessaire, approche. Il est vrai que, quand ce temps est prochain, les jambes & le cou sont devenus si longs, que le Poulet est forcé de les plier, pour leur faire trouver place dans la cavité où il est logé; & c'est encore ce qu'il y a d'admirable ici, & qui sert généralement dans toutes les opérations de la nature : ce qui semble fait par nécessité, est ce qui pouvoit être fait de mieux par choix.

L'effet des premiers coups du bec du poulet est une petite fêlure, tantôt simple, tantôt composée ; je veux dire, qu'elle n'est quelquefois qu'une seule fente, & que quelquefois elle est composée de plusieurs fentes d'inégale longueur, qui partent d'un centre commun, qu'elle est irrégulièrement radiée ; cette première fêlure est ordinairement entre le milieu de l'œuf & son gros bout, c'est-à-dire, plus près de celui-ci que de l'autre ; la partie antérieure du Poulet est tournée vers le milieu, & la postérieure vers le second.

Quand la fêlure est sensible, on dit que l'œuf est becqueté, elle le devient de plus en plus, à mesure que les coups de bec sont redoublés ; ils font sauter quelquefois

des Oiseaux de Basse-Cour. 233

de petits éclats qui laissent à découvert la membrane blanche qui les tapissoit ; on a vu de ces éclats poussés avec assez de force pour être jetés à trois ou quatre pouces de l'œuf ; la membrane de dessus laquelle les premiers fragmens de coquille viennent d'être détachés, est ordinairement bien entière ; la loupe même n'y sauroit faire appercevoir aucune déchirure, c'est apparemment ce qui a conduit à croire que les œufs étoient becquetés par la Poule : l'ouvrage paroît avoir été commencé par dehors ; on a pensé que s'il étoit celui du bec du Poulet, la membrane sur laquelle ses coups portent immédiatement, auroit dû être percée, avant que la coquille le fût. On n'a pas sans doute assez fait réflexion, que la membrane, étant flexible & appuyée sur la coquille, pouvoit résister aux coups qui faisoient fendre & éclater une matière plus roide.

Tous les Poulets n'emploient pas un temps égal à finir cette grande opération ; il y en a qui parviennent à se tirer de la coquille dans l'heure même où ils ont commencé à la becqueter ; d'autres n'éclosent qu'au bout de deux ou trois heures ; assez communément ce n'est qu'au bout d'une demi-journée ; d'autres ne naissent que plus de vingt-quatre heures après que la coquille a été becquetée ; on en vît rester dans le travail pendant près de deux jours ; les uns le continuent sans interruption, les autres prennent des temps, des heures de repos, après lesquelles ils se remettent à l'ouvrage. Tous ne sont pas également forts, également bien constitués. Il y en a qui, trop impatiens de voir le jour, attaquent de trop bonne heure leur coquille à coups de bec, & c'est ce qui leur est nuisible ; avant de naître, ils doivent avoir dans leurs corps une provision de nourriture, qui les dispensera d'en prendre d'autre pendant plus de vingt-quatre heures après qu'ils sont éclos; cette provision consiste dans une portion considérable du jaune, qui n'a pas été consommée, & qui entre dans le corps par le nombril; le Poulet qui sort de sa coquille, avant que le jaune soit entré dans son corps, languit & meurt peu de jours après être né.

D'ailleurs les uns ont de plus grands obstacles à surmonter que les autres; toutes les coquilles n'ont ni une épaisseur, ni une consistance égale, & ce que nous disons de la coquille doit apparemment être dit de la solide membrane, qui est l'enveloppe immédiate de tout ce qui compose l'œuf.

Certaines femmes de la campagne sont dans l'usage abusif de faire tremper les œufs pendant un temps très-court dans l'eau chaude, le jour où ils doivent commencer à être becquetés ; elles croyent par-là rendre un grand service aux Poulets, attendrir la coquille ; mais la coquille d'un œuf ne fort pas sensiblement moins dure, même de l'eau bouillante, & si elle s'y étoit ramollie, elle reprendroit à l'air, en se séchant, sa première dureté.

Quand enfin le Poulet est parvenu à renverser ou à soulever suffisamment la partie antérieure de la coquille, il s'est procuré la porte qui lui permet de se tirer de la partie postérieure ; il étend ses jambes encore trop foibles, & dont les mouvemens sont trop peu libres pour se voir à la porte, mais qui en s'étendant, le font glisser en avant : alors entièrement, ou presqu'entièrement hors de sa coquille, il tire sa tête de dessous cette aile, où elle étoit toujours restée ; il allonge son cou, il le dirige & le porte en avant ; mais il n'a pas encore la force de le soulever ; & souvent plusieurs minutes se passent avant qu'il l'ait. Lorsqu'on en voit un pour la première fois dans cet état, on en augure mal ; on juge ses forces épuisées par les efforts qu'il a faits, & on le croit bien près d'expirer. Au bout d'un temps, quelquefois assez court, il paroît tout autre : toutes ses parties se fortifient. Après s'être un peu traîné sur ses jambes, il devient en état de se porter dessus, de lever son cou, de lui pouvoir faire prendre diverses inflexions, & enfin de tenir sa tête haute. Les plumes dont il est couvert, ne sont qu'un fin duvet, & pendant qu'elles étoient mouillées, elles le faisoient paroître presque nud. Ces sortes de plumes ressemblent à de petits arbustes par le nombre de leurs branches. Quand ces branches sont mouillées, & colées les unes contre les autres, elles occupent peu d'espace; mais, à mesure qu'elles se séchent, elles se dégagent, & se séparent les unes des autres. Les branches, ou plutôt les barbes de chaque plume, étoient ténues & pressées les unes contre les autres par une espèce de tuyau, dans lequel elles étoient logées. Ce tuyau est fait d'une membrane, qui, dès qu'elle vient à se sécher, se brise. C'est à quoi contribue le ressort des barbes, qui les fait tendre à s'écarter de la tige. Lorsque toutes ces barbes se sont épanouies, pour ainsi dire, chaque plume qui en est composée, prend beaucoup de volume. Aussi quand toutes les plumes sont sechées & redressées, le Poulet est-il très-chaudement & très-joliment vêtu.

Il faut choisir, pour faire éclorre, les plus gros œufs, parce qu'ils produisent, à ce qu'on dit, les plus grands Poulets; & si l'on veut avoir, dit Serres, plus de mâles que de femelles, il faut en mettre sous la Poule un plus grand nombre de pointus que d'arrondis ou d'obtus, attendu, continue abſurdement le même Auteur, que, ſuivant les anciennes obſervations, les premiers produiſent des mâles, & les derniers des femelles. Nous nous garderons de penſer des choſes auſſi abſurdes.

On doit préférer les œufs récemment pondus à ceux qui le ſont depuis quelque temps, parce qu'ils ont plus de facilité à éclorre, & que rarement ils ſont *clairs*. Les plus peſans ſont les plus propres à être couvés. Les légers, & qui ſurnagent dans l'eau commune, rarement réuſſiſſent; ou ſi par haſard ils viennent à éclorre, ils produiſent des pouſſins foibles, ou infirmes ou mal conſtitués.

Nous recommandons ſur tout, avant que de mettre les œufs ſous la Poule, de les eſſayer, l'un après l'autre dans l'eau : cette épreuve guidera sûrement une bonne ménagére. Pour bien procéder, on prend de l'eau fraîche ; on y plonge les œufs ; on proscrit tous ceux qui se tiendront sur la surface, & on ne met sous la Poule que ceux qui plongent au fonds du vase. Non-seulement ceux-ci sont préférables pour faire couver, mais ils le sont encore pour la table.

D'ailleurs il résulte, suivant Serres, un autre avantage de cette opération, c'est que cette même eau rafraîchit les œufs, & les met tous au même degré ; de sorte que les poussins viennent tous ensemble.

Quant à la Lune, il est inutile d'en rien dire ici. Tous les Paysans ajoutent tant de foi aux influences de cet astre, que ce seroit entreprendre l'impossible, que de vouloir triompher d'un préjugé accrédité de tous les temps, quoique très-abusif.

des Oiseaux de Basse-Cour.

très-abusif. A quoi bon le combattre ici ou le défendre? Il est certain qu'il devient très-indifférent.

Il n'en est pas de même de celui qu'on trouve dans certains pays, où l'on croiroit perdre toute une couvée, si on ne mettoit un nombre impair d'œufs sous la Poule, ou bien si on les touchoit avec la main en les mettant dans le nid. On veut que pour éviter cet inconvénient, on se serve d'un vase plat de bois. On exige en outre qu'on ne les compte point un à un, & sur tout qu'on mette entre les œufs de petites échardes de laurier, ou des cloux de fer, pour garantir du tonnerre, que l'on prétend faire mourir les poussins dans les œufs, lorsqu'ils sont à demi-formés; mais des personnes sensées ne doivent point s'en tenir à de pareils usages, qui tiennent de la superstition.

Il est sur-tout à observer qu'il

L.

faut mettre fous la Poule un plus petit nombre d'œufs, lorsqu'on la fait couver plutôt que plus tard. Dans le premier cas, il est certain que comme la saison est froide, la Poule échauffe avec moins de difficulté dix ou douze œufs que dix-sept ou dix-huit. Et en effet il est évident que les œufs qui se trouveroient aux extrémités des ailes, ne recevant point autant de chaleur que ceux qui sont immédiatement sous le corps de la Poule, ne pourroient se développer que difficilement, ou que très-imparfaitement. Aussi est-il très-essentiel de recommander à la Gouvernante du Poulailler de ne pas passer le nombre de dix, ou tout-au-plus de douze, si elle fait couver en Janvier ou en Février. Si c'est en Mars, on peut en donner quatorze ou quinze, & enfin la couvée entière en Avril. D'ailleurs, il y a des Poules plus ou moins fortes;

des Oiseaux de Basse-Cour. 243

on leur proportionnera les œufs.

On desire quelquefois de se procurer des Poulets en hiver ; mais c'est une chose plus difficile qu'utile, & qui tient plus à la curiosité qu'au profit. Cependant, si on veut braver toutes les difficultés qui s'y trouvent, attendu la chéreté des Poulets dans cette triste saison, sur-tout si on est voisin de quelques grandes villes, on s'y prendra de la manière suivante.

On choisira parmi les Poules que l'on renferme ordinairement pendant cette saison, dans une pièce bien chaude, pour se procurer des œufs frais, celles qui sont le mieux marquées. On les retirera dans une chambre encore plus chaude, & on leur donnera de la bonne nourriture, & une boisson propre & claire, leur émiettant de temps en temps du pain dans du vin. On leur donnera aussi, pour les échauffer, de la

L ij

feuille & de la graine d'orties, bien desséchées & réduites en poudre. Ce régime les fait infailliblement pondre. Quand elles ont pondu environ dix-sept ou dix-huit œufs, elles changent de ramage, & commencent à glousser. Serrez conseille de leur donner alors le nombre d'œufs qui convient, selon la saison, & de les leur faire couver dans un nid qu'on place derrière le four; mais M. Dupuy d'Emportes proscrit ce dernier usage. Il préfère de les mettre sous de mauvais lits de plume que l'on destine pour cet effet, & que l'on met dans une chambre seulement exactement close, & dont les croisées, quoique fermées, soient au midi. La chaleur du four est trop inégale, pour pouvoir produire un effet assuré.

Dans la maison paternelle, on se servoit, pour couver en hiver, de Poules d'Inde. On choisissoit celles qui avoient pondu dans l'arrière-saison ; & sur la fin de leur ponte, pour les habituer à couver, on les échauffoit en leur donnant du pain trempé dans du vin, dans lequel on avoit fait dissoudre auparavant du sucre. On les bassinoit aussi avec une espèce de bassine chaude, & on les tenoit enveloppées sur de mauvais œufs, en sorte qu'il n'y avoit que leur tête qui sortoit. Au bout de trois ou quatre jours, elles s'habituoient à couver ; & pour lors on y plaçoit une vingtaine d'œufs de Poule. Quand les petits étoient éclos, on les tiroit de dessous la Poule d'Inde, on les élevoit séparés de leur mère, & on substituoit d'autres œufs sous la Dinde. On réiteroit même quelquefois jusqu'à trois fois cette opération ; mais on avoit grand soin de bien nourrir, pendant tout ce temps, la couveuse, qui, malgré cette bonne nourriture, se trouvoit presque éthique à la fin de la troisième couvée. Au surplus, il n'y a rien de meilleur pour multiplier la basse-cour, que les Dindes.

Le troisième moyen pour se procurer sûrement des Poulets pendant l'hiver, est bien simple, mais il n'est pas économique. Il faut avoir, dit un fameux Auteur Économiste, des Pigeons pattus ou pattés. Ils couvent tous les mois de l'année. On substituera à la place des œufs qu'ils ont pondus, ceux de Poule ; &, par ce moyen, on se procurera des Poulets. Mais une pareille méthode tient beaucoup plus à l'agréable qu'à l'utile de l'économie rurale. On sait que les Pigeons sont dispendieux; qu'ils demandent d'être bien nourris, & que leurs Pigeonneaux, au bout de quinze jours, valent beaucoup plus que des Poulets de trois ou quatre mois.

Pour conduire à bien une couvée, l'essentiel est de donner aux Poules couveuses un endroit retiré, sec & chaud, exposé au midi, à couvert du mauvais temps, éloigné du grand bruit, pour qu'elles ne soient pas distraites. Ces précautions sont absolument nécessaires, quand on veut faire couver les Poules dans la première saison : mais elles deviennent surabondantes dans le temps où toutes les Poules gloussent & demandent à couver ; c'est ordinairement vers le premier mois de l'été : il suffit alors de fermer seulement leurs nids avec une espèce de claie de bois, pour qu'elles ne soient point distraites par les Coqs ou par les Poules qui ne couvent point. Pour cet effet, il est même d'usage de pratiquer à côté du poulailler une petite pièce bien close, où le jour ne soit pas bien grand, pour y placer les nids, de façon que les couveuses ne puissent pas se voir ; on garnit même sur le devant ces nids d'une claie qui empêche que les unes & les autres ne se rendent visite.

La gouvernante des Poules aura principalement soin de bien nettoyer les nids, ainsi que nous l'avons déja observé à l'article *Poule*, & de les parfumer de bonne odeur, soit pour que les Poules qui sont destinées à y rester vingt-un ou vingt-deux jours, y respirent un air salubre, soit pour qu'elles s'y plaisent, & qu'elles restent par conséquent constamment sur leurs œufs ; rien n'assure plus le succès de la couvée.

Les nids auront sur le devant une petite élévation, afin que les œufs ne tombent point, quand la Poule se remue ; ils seront même concaves : c'est le vrai moyen pour empêcher que les œufs, lorsqu'ils seront bien placés, ne se dérangent, sur-tout quand la Poule sort de son nid, soit pour la faire manger, soit pour la faire vuider. On garnira ces lits de foin, & on recouvrira le foin de plumes ou duvet, d'abord pour que les œufs s'y échauffent mieux, qu'ils conservent plus long-temps leur chaleur, & ensuite pour que les poussins, dont la peau est si tendre, ne se blessent point en sortant de la coque, comme il arrive quelquefois, sur-tout lorsque les nids sont faits avec de la paille.

Il se trouve des Poules qui sont si attachées à leur couvée, qu'elles ne sortent qu'avec peine de leurs nids : c'est à quoi doit veiller la gouvernante du poulailler. Elle aura donc l'attention de lever ces Poules, & de leur faire prendre l'air au moins une fois par jour, pour qu'elles se vuident à leur aise, car elles sont quelquefois si jalouses de leurs œufs, qu'elles se retiennent pour ne pas lâcher leur fiente, & pour ne pas les quitter : on se

L v

donnera néanmoins bien de garde de les laisser trop long-temps hors du nid ; elles pourroient alors se refroidir, & les œufs perdre leur chaleur.

Il est de fait que souvent beaucoup d'œufs manquent dans une couvée par la curiosité des gouvernantes ; elles les touchent souvent, dans l'impatience de savoir si l'incubation réussit: elles dérangent par-là les œufs, & les Poules voulant ensuite les arranger pour les mettre à leur aise, ou elles les cassent, ou elles leur donnent une position qui traverse l'incubation. Il suffit seulement de tourner deux fois les œufs pendant la couvée ; on aura pour cet effet la précaution de marquer chaque œuf d'un côté pour ne pas se tromper, lorsqu'on procédera à ce changement. A ce soin, on en joindra un autre, comme nous l'avons déja observé, qui est de faire manger les Poules deux fois par jour; car il y en a qui se laisseroient plutôt mourir de faim que de quitter un instant leurs œufs. Les Poules d'Inde, par exemple, si l'on n'a pas l'attention de les faire sortir du nid, y expirent d'inanition.

Il se trouve au contraire des Poules qui sont impatientes & dissipées, qui n'aspirent qu'à sortir de leurs nids ; on donnera à celles-ci une nourriture très-ordinaire, lorsqu'on les fera sortir pour manger ; & quand on les remettra sur les œufs, & qu'elles s'y seront arrangées, on leur présentera sur la main quelques grains de chenevis, ou de froment, ou de millet, ou même un peu de pain trempé dans du vin tempéré avec de l'eau. On n'aura pas pratiqué cette méthode deux ou trois fois, qu'on verra soudain ces Poules, après avoir pris un peu de nourriture & de boisson, courir, se remettre sur leurs œufs pour avoir la becquée à laquelle elles s'attendent.

S'il arrive par hasard que des Poules lasses de couver, ou peut-être gourmandes, becquetent & mangent les œufs, il faut avoir recours à l'expédient suivant : on fait durcir un œuf sous la braise, on l'ouvre aussi-tôt imperceptiblement dans plusieurs endroits, & on le présente à la Poule ; elle becquete à l'instant : mais comme l'œuf la brûle, elle se rebute de le toucher d'avantage. On n'aura pas répété deux ou trois fois cette petite amorce, qu'elle se corrigera de ce défaut.

On se servira d'un expédient à-peu-près pareil pour les Poules qui mangent leurs œufs aussi-tôt qu'elles ont pondu. On vuidera un œuf de son blanc par un petit trou que l'on fera à la coquille ; on crevera ensuite le jaune qui est resté, & on remplira l'œuf avec du plâtre, qu'on tâchera de bien incorporer

des Oiseaux de Basse-Cour. 253

avec le jaune. Après l'avoir fait durcir sous la cendre ou autrement, on le mettra devant la Poule; elle voudra le manger, mais elle sera bientôt rebutée, & s'ennuiera de le becqueter, à cause de la dureté de la matière qui y est renfermée; ou bien on fera faire tout simplement un œuf de plâtre ou de craie; on le mettra dans le nid, & on ne laissera que cet œuf seul, après que les Poules auront pondu.

En parlant ici des Poules, nous rapporterons, au sujet de celles qui ont de la peine à pondre, un expédient dont nous avons oublié de faire mention à l'article *Poule*. On met trois grains de sel dans le cul de la Poule : il n'en faut pas davantage, à ce qu'on prétend, pour lui faire rendre son œuf sur le champ.

Comme la gouvernante du poulailler doit visiter, sur la fin de l'incubation, les nids où elle se fait, elle s'appercevra des Poulets qui voulant sortir de l'œuf, n'ont pas une force suffisante pour se donner une issue assez considérable : elle leur portera pour lors du secours ; elle levera peu-à-peu, dès qu'elle entendra le Poussin piauler dans l'œuf, quelques éclats de la coque, en prenant néanmoins bien garde de ne point déchirer avec ses ongles le Poulet, qui, pour peu qu'il fût blessé, périroit tout de suite.

Il arrive aussi quelquefois que ces petits animaux ayant été privés de la chaleur continuelle de la Poule, soit par le dérangement des œufs, soit par la négligence de la gouvernante qui ne les a pas tournés, se trouvent si foibles, qu'ils ne peuvent point franchir la coque. On fera pour lors tiédir du vin avec une partie égale d'eau, on y ajoutera un peu de sucre ; la gouvernante trempera son doigt dans cette liqueur, & en mouillera le bec du Poussin, qui en piaulant en avalera un peu, & prendra de nouvelles forces. Dès le onzième ou douzième jour de l'incubation, on peut s'appercevoir, en mirant les œufs, de ceux auxquels il faut apporter du secours.

Nous allons exposer actuellement la vraie méthode qu'on peut employer pour mirer les œufs : on prend un tamis, ou, ce qui est meilleur encore, un tambour d'enfant, dont la peau est bien tendue ; on le met au soleil, & l'on y expose les œufs l'un après l'autre : on remarque si après qu'ils y ont resté environ une minute, l'ombre de l'œuf vacille. Si l'embryon est bien vigoureux, il s'agitera en sentant cette vive chaleur ; il donnera des secousses fort vives ; ce qu'il sera facile d'appercevoir au mouvement plus ou moins sensible de l'œuf. La gouvernante marquera pour lors les œufs qui ont été les moins ébranlés ; elle les placera sous la Poule le plus avantageusement qu'elle pourra, pour qu'ils ne manquent point de chaleur, & elle visitera vers le dix-neuvième ou vingtième jour ces sortes d'œufs, qui ordinairement sont ceux qui renferment des Poulets qui ont peine à en sortir. Quand on mire les œufs, on feroit certainement très-bien de jeter ceux dans lesquels on n'apperçoit aucun mouvement ; ils ne font que porter préjudice à ceux qui ont de la disposition à venir, en pompant une partie de la chaleur de la Poule, qui serviroit à accélérer & à faciliter la naissance de ceux qui ont donné de bons signes de vie, lorsqu'on les a exposés au soleil.

A mesure que les Poussins naissent, on les laissera sous la mère au moins un jour entier, & même davantage, sans leur donner de nourriture, en attendant que les

des Oiseaux de Basse-Cour. 257

autres viennent, par la raison que nous en avons donnée ci-devant. Quand au vingt-unième jour, il se trouve des œufs qui ne sont point ouverts ou éclatés en quelque partie, & où on n'entend point le piaulement du Poussin, il faut les jeter.

Le temps de l'incubation fini, on tirera les Poussins du nid ; on les mettra avec la mère dans un grand panier pour un ou deux jours seulement : ce panier sera garni en dedans d'étoupes, pour qu'ils n'ayent pas froid ; on les habituera ensuite insensiblement à l'air, on les parfumera avec du romarin ou de la lavande, pour les garantir de plusieurs maladies auxquelles ils pourroient être sujets. Quand au bout de sept à huit jours on voudra les accoutumer au grand air, on les mettra sous l'auvent & sous une cage à petites clavières, pour qu'ils puissent, lorsqu'ils veulent courir, entrer & sortir à leur aise, sans cependant que la mère sorte ; ils ne s'éloignent point par ce moyen. On ne les placera néanmoins sous l'auvent que quand le jour sera bien chaud, & qu'il fera un beau soleil, le duvet de ces animaux n'étant point capable de les garantir de la moindre froideur.

Il faut être très-exact dans ces commencemens à renouveler la nourriture de ces petits animaux, & à leur en donner en petite quantité chaque fois ; le millet crud est la nourriture qui leur convient après l'orge & le froment, mais il faut faire bouillir ces derniers. Rien ne leur donne plus de courage & de force que des mies de pain trempées dans du vin ; & quand ils ne mangent pas de bon appétit, on pourra leur donner des miettes de pain trempées dans du lait ou du caillé ; certaines ménagères leur donnent quelquefois des jaunes d'œufs durcis, qu'elles émiettent le plus finement qu'il leur est possible. Cette méthode est excellente quand on s'apperçoit que la fiente de ces animaux est trop liquide, mais dans tout autre cas, elle est nuisible, parce qu'elle les constipe au point qu'ils en meurent subitement.

Les porreaux hachés bien menu, dit Serrez, leur servent de médecine, & leur font beaucoup de bien, pourvu qu'on ne leur en donne que de temps en temps, & même en petite quantité. On fera sur-tout en sorte que ces petits animaux ne manquent jamais de nourriture, à mesure qu'ils avancent en âge. Le millet est leur principale nourriture, sur-tout si c'est dans un pays où il est commun. A son défaut, on pourra substituer du bled de Sarrasin ; & pour qu'un tel régime ne leur porte point de préjudice, on leur donnera de temps en temps de l'orge bouilli, ou des criblures de froment auſſi bouillies, ou enfin des miettes de pain, telles qu'elles tombent de la table.

On trouve dans les papiers Anglois un procédé pour faire prendre aux Poulets, en très-peu de temps, tout leur accroiſſement. Ce procédé a été communiqué par un Particulier à une Société d'Économiſtes qui ont gratifié l'inventeur, d'une médaille d'or. Voici en quoi il conſiſte. On mêle, au bout de quinze jours que les Poulets ſont éclos, de la farine d'avoine avec de la thériaque, quantité ſuffiſante pour qu'il en réſulte une eſpèce de pâte grumelée. Les Poulets très-avides de cette nourriture, en mangent copieuſement, & profitent tellement, qu'au bout de deux mois, ils ſont auſſi forts que les volailles qui ont tout leur accroiſſement.

Les premiers jours qu'on mettra

les Poulets sous l'auvent, on ne les y laissera pas trop long-temps, parce que le trop grand air pourroit altérer leur tempérament, qui dans leur grande jeunesse est extrêmement foible & délicat. On aura en outre soin que le soleil donne dans l'endroit où on les place. Au surplus, il ne faut pas que le manger & le boire leur manquent, partout où on les placera, parce qu'ils becquetent continuellement.

Quand les Poulets sont parvenus à l'âge de cinq ou six semaines, on les abandonne aux soins & à la tendre vigilance de leur mère, qui, toujours attentive sur tout ce qui environne sa chère famille, prend le soin de les faire manger, les appelant sans cesse, dès qu'elle apperçoit quelque chose de propre à aiguiser leur appétit, & les couvrant de ses ailes, au premier danger qui les menace. Personne n'a mieux dépeint cette sollicitude maternelle, que M. Pluche dans le Spectacle de la Nature.

Tout le monde connoît, dit M. Pluche, jufques où va la tendreffe des mères pour leurs petits; elle va jufqu'à changer leur naturel : de nouveaux devoirs amènent de nouvelles inclinations. Il n'eft pas feulement queftion de nourrir; il faut veiller, il faut défendre, prévenir, faire tête à l'ennemi, & payer de fa perfonne en toute rencontre. Suivez une Poule devenue mère de famille; elle n'eft plus la même : l'amitié change fes humeurs, & corrige fes défauts. Elle étoit auparavant gourmande & infatiable ; préfentement elle n'a plus rien à elle. Trouve-t-elle un grain de bled, une mie de pain, ou même quelque chofe de plus abondant, & qu'on pourroit partager ; elle n'y touche pas ; elle avertit fes petits par un cri qu'ils connoiffent. Ils accourent bien

des Oiseaux de Basse-Cour. 263

vîte, & toute la trouvaille est pour eux: la mère se borne frugalement à ses repas. Cette mère, naturellement timide, ne savoit que fuir auparavant: à la tête d'une troupe de poussins, c'est une héroïne qui ne connoît plus de danger, qui saute aux yeux du chien le plus fort. Elle affronteroit un Lion, avec le courage que sa nouvelle dignité lui inspire. Il y a quelques jours, ajoute M. Pluche, que j'en ai mis une dans une autre attitude, qui n'étoit pas moins réjouissante. J'avois fait mettre sous elle des œufs de Canne, qui vinrent à souhait. Les petits, au sortir de la coque, n'avoient pas la forme de ses enfans ordinaires; mais elle s'en croyoit la mère; & par cette raison, elle les trouva fort à son gré. Elle les conduisoit, comme siens, de la meilleure foi du monde. Elle les rassembloit sous ses ailes, les réchauffoit, les menoit par-tout, avec l'autorité & les droits que donne la qualité de mère. Elle avoit toujours été parfaitement respectée, suivie & obéie par toute la troupe ; malheureusement pour son honneur, un ruisseau se trouve sur son chemin. Voilà aussi-tôt tous les petits Canards à l'eau. Elle étoit dans une agitation extrême ; elle les suivoit de l'œil, le long du bord ; elle leur donnoit des avis, & leur reprochoit leur témérité ; elle demandoit du secours, & contoit ses inquiétudes à tout le monde ; elle retournoit à l'eau, & rappeloit ces imprudens ; mais les Canards vains de se trouver dans leur élément, la tinrent quitte de tout soin dès ce moment : & comme ils étoient déjà forts, ils ne revinrent plus auprès d'elle. Cette inclination pour l'eau est dans la nature même du Canard. C'est l'ouvrage de Dieu. On ne peut méconnoître là, dit le pieux Pluche,

cette

cette impression du Créateur qui prévient les leçons, & qui corrige même l'éducation.

Nous n'avons rapporté ce trait, que pour faire voir les soins que prend la Poule pour ses petits. Quand les Poulets ont atteint l'âge qu'on peut les confier aux soins seuls de la Poule, c'est-à dire, à cinq ou six semaines, on peut, pour éviter la multiplicité des Poules, confier plusieurs couvées à une seule, qui est en état d'en conduire au moins trois douzaines. On économise par ce moyen: la Poule à laquelle on a ôté ses Poulets, se remet à pondre; ce qui devient pour lors très-avantageux. On peut encore, pour épargner les Poules, se servir de Chapons, qu'on instruit pour conduire les Poulets. Nous avons rapporté à l'article *Chapon*, la manière avec laquelle on s'y prend pour les instruire; mais cette méthode est absurde, selon M. Dupuy d'Emportes. Il en rapporte une autre qui est beaucoup meilleure. On choisit, dit-il, les mieux emplumés, & on leur donne, pendant trois ou quatre jours, du pain à la main, en présence de deux ou trois Poulets qui becquetent avec lui ; après quoi on leur donne, seulement une fois, du pain trempé dans du vin bien fort, jusqu'à ce qu'ils soient ivres. On les met ensuite dans une cage, où on leur donne deux ou trois Poulets, avec lesquels ils mangent & vivent de très-bonne intelligence. On en augmente peu-à-peu le nombre, jusqu'à ce qu'ils ayent celui qu'on leur destine.

A cette attention, on joint encore celle de mettre un grelot au cou du Chapon, afin que les Poulets, qui quelquefois s'éloignent, l'entendent, & viennent le rejoindre ; mais, sans contredit,

des Oiseaux de Basse-Cour. 267

jamais un Chapon n'équivaut à une Poule, pour la conduite des Poulets. Ceux-ci sont si accoutumés au gloussement de la Poule, qu'au moindre signal qu'elle leur donne par ce ramage, on les voit accourir & se ranger auprès d'elle; ce qu'on ne peut pas dire du Chapon, qui d'ailleurs n'a pas beaucoup d'attachement pour les Poulets.

Pour se procurer un grand nombre de Poulets, & pour conserver en même-temps les Poules dans leur ponte, il est très-avantageux de faire couver des Poules d'Inde; leur grand corsage, la bonne chaleur, & la grande affection qu'elles ont pour les œufs dès qu'on les a mises dessus, doivent les faire préférer ; on leur en donne jusqu'à trente-cinq, & c'est précisément dans ce cas où on pourroit employer le Chapon pour conduire cette nombreuse famille, si mieux

M ij

on n'aime la distribuer à plusieurs Poules; parce que pour lors on donne à couver de nouveaux œufs à la Poule d'Inde.

En Egypte, il y a une Méthode pratiquée pour faire éclore dans les fours les œufs de Poule ; cette méthode est aussi ancienne dans ce pays qu'elle y est usitée, principalement au Caire, où il se fait un commerce considérable d'oiseaux domestiques éclos de cette manière. Ces fours ne different des nôtres qu'en ce qu'ils sont bâtis de brique cuite au soleil, & qu'ils ont par le haut une ouverture ronde, d'environ dix-huit à vingt pouces de diamètre : chaque fournil à vingt-quatre fours, douze de chaque côté, qui forment deux étages de six fours chacun, avec une allée très-étroite qui les sépare dans le milieu. Pour faire éclore les œufs, on les met dans les fours d'en bas, & l'on entretient pendant huit jours un feu lent, fait avec de la paille dans les fours d'en-haut ; après quoi on bouche les fours où sont les œufs, & on ne les ouvre qu'au bout de six jours, pour séparer les œufs clairs d'avec ceux qui sont féconds. Ce triage étant fait, on remet les bons dans les fours de l'étage d'en haut, & on fait pendant deux jours un petit feu de paille dans ceux d'en bas ; on attend ensuite que les Poussins soient totalement éclos, ce qui arrive vingt-deux jours après qu'on a commencé à mettre les œufs au four ; on n'en fait usage que depuis le mois de Décembre jusqu'au mois d'Avril. On ne paie rien au Fournier pour sa peine & la fourniture de la paille. Comme il rend les Poussins au même boisseau qu'il a pris les œufs, il se trouve amplement dédommagé de ses dépenses par la différence de volume qu'il y a entre l'œuf & le Poussin ; cette opération artificielle peut réussir par-tout où l'on observera un juste degré de chaleur relatif à la différence des climats.

M. de Réaumur a cherché une façon plus commode & moins coûteuse que celle des Egyptiens : il dit dans son *Art de faire éclore les Poulets*, que pour y bien réussir, il faut prendre des tonneaux vuides, défoncés par un bout, placés sur leurs culs, & ensevelis dans du fumier de cheval ; mettre dans ces fours artificiels deux ou trois corbeilles, où l'on range les œufs. La chaleur qui pénètre ainsi dans ces tonneaux, fait l'office de Poule qui couve. M. de Réaumur ajoute qu'il faut avoir soin de n'y laisser entrer de l'air, qu'autant qu'il en faut pour y maintenir une chaleur suffisante, c'est-à-dire, celle qui va au trente-deuxième degré de son thermomètre. Au moyen de ces précautions, les œufs éclosent le vingt-unième jour ; mais la méthode de M. de Réaumur a tant d'inconvéniens, que le Public n'en a pas tiré tout l'avantage que ce Savant s'en étoit promis. Un Particulier a proposé, il y a quelques années, une manière plus facile, plus sûre, & moins difpendieufe que celle de M. de Réaumur. Pour arriver au même but, il fait paffer le tuyau d'un poële dans un grenier, ou dans tout autre endroit elevé de la maifon; il y fait enfuite conftruire une lanterne de fix pieds de diamètre, entourée de chaffis vitrés, & terminés en haut par un dôme. Il y met des tablettes d'ofier d'un pied de large tout-autour, & les éloigne plus ou moins les unes des autres, felon la quantité d'œufs qu'il faut faire éclorre. Les chaffis doivent s'ouvrir du haut en bas, & même il faut que quelques carreaux puiffent s'ouvrir féparément, afin de donner

M iv

de l'air, s'il se trouvoit trop de chaleur. Il est même nécessaire qu'il y ait toujours dans la lanterne un thermomètre, pour en marquer le degré. Le tuyau du poële doit passer au milieu de la cage, & être fait en fourche, parce qu'aussitôt qu'on a atteint le degré de chaleur nécessaire, on ferme une sous-pape; l'autre tuyau sert à faire passer la fumée du poële, & à échauffer un autre endroit, où l'on veut élever les Poulets. Lorsque la cage est une fois échauffée, la chaleur peut durer au moins trente-six heures dans le même degré, parce qu'on n'est pas obligé d'ouvrir le *couvoir*, pour observer le thermomètre; on peut le voir au travers du verre. Lorsque les petits sont prêts à éclorre, on diminue la chaleur de deux ou trois degrés. Pour trouver le degré convenable, on prend un petit tube de thermomètre; on le met sous l'aisselle pendant une demi-heure, & en le retirant, on a un fil tout prêt, que l'on noue à l'endroit où se trouve la liqueur ; & ce sera sûrement le degré le plus juste. M. le Bas a aussi donné une autre méthode pour faire éclorre les œufs; il en a fait différens essais, qui lui ont très-bien réussi. Il nous a promis de nous donner un extrait de son mémoire sur cette méthode. S'il nous le communique, ainsi qu'il nous l'a annoncé, nous le rapporterons à la fin de cet ouvrage.

M. de Buffon, dans son Histoire Naturelle des Oiseaux, rapporte en peu de mots, & d'une façon très-intelligible, tout ce qui concerne les méthodes artificielles de faire éclorre des Poulets. Nous croyons ne pouvoir mieux faire ici que de rapporter ses propres termes. C'est par là que nous finirons ce qui concerne cette matière,

M▼

pour en venir aux propriétés alimentaires & médicinales du Poulet.

Tout le secret de ces méthodes, dit M. de Buffon, consiste à tenir les œufs dans une température qui réponde à-peu-près au degré de la chaleur de la Poule, & à les garantir de toute humidité & de toute exhalaison nuisible, telle que celle du charbon, de la braise, même de celle des œufs gâtés. En remplissant ces deux conditions essentielles, & en y joignant l'attention de retourner souvent les œufs, & de faire circuler dans le four ou l'étuve les corbeilles qui les contiendront; en sorte que non-seulement chaque œuf, mais chaque partie du même œuf, participe à-peu-près également à la chaleur requise, on réussira toujours ainsi à faire éclore des milliers de Poulets.

Toute chaleur est bonne pour

cela. Celle de la mère-Poule n'a pas plus de privilége que celle de tout autre animal, sans en excepter l'homme; & en effet, on sait que Livie étant grosse, imagina de couver & faire éclorre un œuf dans son sein, voulant augurer du sexe de son enfant par le sexe du poussin qui en viendroit. Ce poussin fut mâle, & son enfant aussi. Les Augures ne manquèrent pas de se prévaloir du fait, pour montrer aux plus incrédules la vérité de leur art ; mais ce qui reste le mieux prouvé, c'est que la chaleur humaine est suffisante pour l'incubation des œufs. Il n'y a que quelques années que le même fait arriva à Paris. Mademoiselle Michel, à présent épouse de M. Fossard, Graveur, fit couver dans son sein un œuf d'où est provenu un Poulet. Mais, pour revenir à ce que nous avons annoncé, nous ajoutons avec M. de Buffon, que la chaleur de la mère-Poule n'a pas plus de privilége que celle du feu solaire ou terrestre, ni celle d'une couche de tan ou de fumier. Le point essentiel est de savoir s'en rendre maître, c'est-à-dire, d'être toujours en état de l'augmenter ou de la diminuer à son gré. Or, il sera toujours possible, au moyen d'un bon thermomètre distribué avec intelligence dans l'intérieur du four ou de l'étuve, de savoir le degré de chaleur de ces différentes régions; de la conserver, en étoupant les ouvertures, & fermant tous les registres du couvercle; de l'augmenter, soit avec des cendres chaudes, si c'est un four, soit en ajoutant du bois dans le poêle, si c'est une étuve à poêle, soit en faisant des réchauds, si c'est une couche; & enfin de la diminuer, en ouvrant les registres, pour donner accès à l'air extérieur, ou bien en introduisant dans le four un ou plusieurs corps froids, &c.

Au reste, quelqu'attention que l'on donne à la conduite d'un four d'incubation, il n'est guère possible d'y entretenir constamment & sans interruption, le trente-deuxième degré, qui est celui de la Poule. Heureusement ce terme n'est point indivisible; & l'on a vu la chaleur varier du trente-huitième au vingt-huitième degré, sans qu'il résultat d'inconvéniens pour la couvée; mais il faut remarquer qu'ici l'excès est beaucoup plus à craindre que le défaut, & que quelques heures du trente-huitième & même du trente-sixième degré, feroient plus de mal que quelques jours du vingt-quatrième; & la preuve que cette quantité de moindre chaleur peut encore être diminuée sans inconvénient, c'est qu'ayant trouvé dans une prairie qu'on fauchoit, le nid d'une Perdrix, & ayant gardé & tenu à l'ombre les œufs pendant trente-six heures, qu'on ne put trouver de Poule pour les couver, on les vit éclorre néanmoins tous au bout de trois jours, excepté ceux qui avoient été ouverts pour voir où en étoient les Perdreaux. A la vérité, ils étoient tous avancés, & sans doute il faut un degré de chaleur plus fort dans les commencemens de l'incubation, que sur la fin de ce même temps, où la chaleur du petit oiseau suffit presque seule à son développement.

À l'égard de son humidité, comme elle est fort contraire au succès de l'incubation, il faut avoir des moyens sûrs pour reconnoître si elle a pénétré dans le four, pour la dissiper lorsqu'elle y a pénétré, & pour empêcher qu'il n'en vienne de nouvelle.

L'hygromêtre le plus simple &

le plus approprié pour juger de l'humidité de l'air de ces sortes de fours, c'est un œuf frais qu'on y introduit, & qu'on y tient pendant quelque temps, lorsque le juste degré de chaleur y est établi. Si au bout d'un demi-quart d'heure au plus, cet œuf se couvre d'un nuage léger, semblable à celui que l'haleine produit sur une glace polie, ou bien à celui qui se forme l'été sur la surface extérieure d'un verre où l'on verse des liqueurs à la glace, c'est une preuve que l'air du four est trop humide; & il l'est d'autant plus, que ce nuage est plus long-temps à se dissiper: ce qui arrive principalement dans les fours à tan & à fumier, que l'on a voulu renfermer en un lieu clos. Le meilleur remède à cet inconvénient, est de renouveler l'air de ces endroits fermés, en y établissant plusieurs courans par le moyen de fenêtres opposées, & à défaut de fenêtres, en y plaçant & agitant un ventilateur proportionné à l'espace. Quelquefois la seule transpiration d'un grand nombre d'œufs produit dans le four même une humidité trop grande; & dans ce cas, il faut, tous les deux ou trois jours, retirer pour quelques instans les corbillons d'œufs hors du four, & l'éventer simplement avec un chapeau qu'on y agitera en différens sens.

Mais ce n'est pas assez de dissiper l'humidité qui s'est accumulée dans les fours; il faut encore, autant qu'il est possible, lui interdire tout accès par dehors, en revêtant leurs parois extérieures de plomb laminé ou de bon ciment, ou de plâtre, ou de goudron bien cuit, ou du moins en leur donnant plusieurs couches à l'huile, qu'on laissera bien sécher, & en colant sur leurs parois intérieures des bandes de vessie ou de fort papier gris. C'est à ce peu de pratiques aisées que se réduit tout l'art de l'incubation artificielle, & il faut y assujettir la structure & les dimensions des fours ou étuves, le nombre, la forme & la distribution des corbeilles, & toutes les petites manœuvres que la circonstance prescrit, que le moment inspire, & qui nous ont été détaillées avec une immensité de paroles, & que nous réduirons ici dans quelques lignes, sans cependant rien omettre.

Le four le plus simple est un tonneau revêtu par dedans de papier colé, couvert par le haut d'un couvercle qui l'emboîte, lequel est percé dans son milieu d'une grande ouverture fermant à coulisse, pour regarder dans le four, & de plusieurs autres petites autour de celle-là, servant de registre pour le ménagement de la chaleur, & fermant aussi à coulisse. On noie ce tonneau plus qu'aux trois quarts de sa hauteur dans du fumier chaud. On place dans son intérieur, les unes au-dessus des autres, & à de justes intervalles, deux ou trois corbeilles à claire voie, dans chacune desquelles on arrange deux couches d'œufs, en observant que la couche supérieure soit moins fournie que l'inférieure, afin que l'on puisse aussi avoir l'œil sur celle-ci. On ménage, si l'on veut, une ouverture dans le centre de chaque corbeille ; & dans l'espèce de petit puits formé par la rencontre de ces ouvertures, qui répondent toutes à l'axe du tonneau, on y suspend un thermomètre bien gradué. On en place d'autres en différens points de la circonférence ; on entretient par-là la chaleur au degré requis, & on a des Poulets. On peut aussi, en économisant la chaleur, & tirant parti de celle qu'ordinairement on laisse perdre, employer à l'incubation artificielle celle des fours de Pâtissiers & de Boulangers, celle des forges & des verreries, celle même d'un poële ou d'une plaque de cheminée, en se souvenant toujours que le succès de la couvée est attaché principalement à une juste distribution de la chaleur & à l'exclusion de toute humidité.

Lorsque les fournées sont considérables, & qu'elles vont bien, elles produisent des milliers de Poulets à la fois ; & cette abondance même ne seroit pas sans inconvénient dans un climat comme le nôtre, si l'on n'eût trouvé moyen de se passer de Poule pour élever les Poulets, comme on savoit s'en passer pour les faire éclore ; & ces moyens se réduisent à une imitation plus ou moins parfaite des procédés de la Poule, lorsque ses Poussins sont éclos. On a observé, par exemple, que le principal but des soins de la mère est de conduire ses Poussins dans des lieux où ils puissent trouver à se nourrir, & de les garantir du froid & de toutes les injures de l'air ; on a imaginé le moyen de leur procurer tout cela, avec encore plus d'avantage que la mère ne peut le faire. S'ils naissent en hiver, on les tient pendant un mois ou six semaines dans une étuve échauffée au même degré que les fours d'incubation ; seulement, on les en tire cinq ou six fois par jour, pour leur donner à manger au grand air, & sur-tout au soleil : la chaleur de l'étuve favorise leur développement, l'air extérieur les fortifie, & ils prospèrent : de la mie de pain, des jaunes d'œufs, de la soupe, du millet, font leur première nourriture ; si c'est en été, on ne les tient dans l'étuve que trois ou quatre jours, & dans tous les temps, on ne les tire de l'étuve que pour les faire passer dans la *Poussinière* : c'est une espèce de cage quarrée, fermée par-devant d'un grillage en fil de fer, ou d'un simple filet, & par-dessus d'un couvercle à charnière ; c'est dans cette cage que les Poussins trouvent à manger : mais lorsqu'ils ont mangé & couru suffisamment, il leur faut un abri où ils puissent se réchauffer & se reposer, & c'est pour cela que les Poulets qui sont menés par une mère, ont coutume de se rassembler alors sous ses ailes. M. de Réaumur a imaginé pour le même usage une *mère artificielle* : c'est une boîte doublée de peau de mouton, dont la base est quarrée & le dessus incliné comme le dessus d'un pupître. Il place cette boîte à l'un des bouts de la poussinière, de manière que les Poulets puissent y entrer de plein pied, & en faire le tour au moins de trois côtés, & il l'échauffe par-dessous, au moyen d'une chaufferette qu'on renouvelle selon le besoin : l'inclinaison du couvercle de cette espèce de pupître offre des hauteurs différentes pour les Poulets de différentes tailles ; mais comme ils ont coutume, sur-tout lorsqu'ils ont froid, de se presser & même de s'entasser en montant les uns sur les autres, & que dans cette foule les petits & les foibles courent risque d'être étouffés, on tient cette boîte ou mère artificielle ouverte par les deux bouts ; ou plutôt on ne la ferme aux deux bouts que par un rideau que le plus petit Poulet puisse soulever facilement, afin qu'il ait toujours la facilité de sortir, lorsqu'il se sent trop pressé ; après quoi il peut, en faisant le tour, revenir par l'autre bout, & choisir une place moins dangereuse. M. de Réaumur tâche encore de prévenir le même inconvénient par une autre précaution : c'est de tenir le couvercle de la *mère artificielle* incliné assez bas, pour que les Poulets ne puissent pas monter les uns sur les autres. A mesure que les Poulets croissent, il élève le couvercle, en ajoutant sur le côté de la boîte des hausses proportionnées. Il renchérit encore sur tout cela, en divisant ses plus grandes *poussinières* en deux, par une cloison transversale, afin de pouvoir séparer les Poulets de différentes grandeurs ; il les fait mettre aussi sur des roulettes pour la facilité du transport, car il faut absolument les rentrer dans la chambre toutes les nuits, & même pendant le jour, lorsque le temps est rude ; & il faut que cette chambre soit échauffée en temps d'hiver. Mais au reste, il est bon, dans les temps qui ne sont ni froids ni pluvieux, d'exposer les poussinières au grand air & au soleil, avec la seule précaution de les garantir du vent ; on peut même en tenir les portes ouvertes : les Poulets apprendront bientôt à sortir pour aller gratter le fumier, ou becqueter l'herbe tendre, & à entrer pour prendre leurs repas, ou s'échauffer sous la *mère artificielle*. Si on ne veut pas courir le risque de les laisser ainsi vaguer en liberté, on ajoute au bout de la poussinière une cage à Poulet ordinaire, qui communiquant avec la première, leur fournira un plus grand espace pour s'abattre, & une promenade close, où ils seront en sûreté.

Mais plus on les tient en captivité, plus il faut être exact à leur fournir une nourriture qui leur convienne. Outre le millet, les jaunes d'œufs, la soupe & la mie de pain, les jeunes Poulets aiment aussi la navette, le chenevis, & autres menus grains de ce genre ; les pois, les fèves, les lentilles, le riz, l'orge & l'avoine mondés, le Turquí écrasé & le bled

bled noir. Il convient, & c'est encore une économie, de faire crever dans l'eau bouillante la plupart de ces grains avant de les leur donner ; cette économie va à un cinquième sur le froment, à deux cinquièmes sur l'orge, à une moitié sur le Turquis, à rien sur l'avoine & le bled noir. Il y auroit de la perte à faire crever le seigle, mais c'est de toutes ces graines celle que les Poulets aiment le mieux. Enfin on peut leur donner à mesure qu'ils deviennent grands, de tout ce que nous mangeons nous-mêmes, excepté les amandes amères & les grains de café. Toute viande hachée, cuite ou crue leur est bonne, sur-tout les vers de terre ; c'est le mets dont ces oiseaux qu'on croit si peu carnassiers, paroissent être le plus friands, & peut-être ne leur manque-t-il, comme à bien d'autres, ajoute M. de Buffon, qu'un bec crochu & des serres, pour être de véritables oiseaux de proie.

Le Poulet, pour qu'il soit bon à manger, doit être jeune, tendre, gros & bien nourri ; il est meilleur & plus salutaire à l'âge de deux ou trois mois, qu'en tout autre temps ; il est humectant, nourrissant, restaurant & rafraîchissant ; sa chair fournit un bon suc, & est de facile digestion ; elle a beaucoup de rapport avec celle de la Poule ; elle est même encore plus délicate & plus succulente : c'est la raison pour laquelle on mange ordinairement la Poule bouillie & le Poulet rôti. Le Poulet est donc un aliment très-salutaire ; il convient en santé comme en maladie ; jamais son usage n'a produit de mauvais effets. Il convient en tout temps, à tout âge, & à toute sorte de tempérament : cependant il est encore moins convenable que la Poule aux personnes qui font de grands exercices de corps, & qui ont besoin d'un aliment solide & durable.

En Médecine, on fait avec les Poulets différens bouillons ; on appelle *eau de Poulet*, une espèce de bouillon fort léger, qui se prépare en faisant bouillir un Poulet pendant trois heures dans trois pintes d'eau de fontaine, sans beaucoup de réduction : on passe ensuite la liqueur par un linge, & on l'exprime fortement ; on donne cette boisson aux malades auxquels on veut faire faire diète, ou quand, en cas de fièvre, on ne veut prescrire au malade qu'une nourriture fort légère : elle convient encore dans les douleurs d'entrailles, & dans le *cholera morbus*. Pour cet effet, on la fait boire abondamment, pour tempérer la bile qui regorge dans l'estomac.

On farcit aussi quelquefois le Poulet avec l'orge mondé, ou les quatre grandes semences froides, ou avec des racines ou d'autres drogues,

Pour donner à l'eau de Poulet la vertu qu'on veut qu'elle ait, on nourrit quelquefois des Poulets avec de la chair de vipère hachée, qu'on mêle avec du pain, & dont on fait des pâtées.

On fait ensuite manger ces Poulets à des malades attaqués de lèpre, de gales invétérées, de dartres rebelles ; ce qui produit un effet merveilleux, en purifiant fortement la masse du sang.

Le Docteur Seguier donne, comme un spécifique, dans la lienterie, le bouillon suivant. Prenez un Poulet, que vous vuiderez; remplissez-lui le corps d'une once de feuilles de roses séches, ou bien de roses séches & de balaustes, de chacune une demi-once ; ajoutez-y de la poudre de trochisque-ramich de Mésué, trois gros pour un adulte & deux gros pour un enfant : placez cette poudre au milieu des feuilles de rose, de façon qu'elle en soit toute enveloppée; & le tout étant placé ainsi dans le corps du Poulet, cousez-le exactement de tous les côtés, afin que rien ne sorte du corps dans le temps de la cuisson; faites-le bouillir ensuite dans trois pintes & demie d'eau de rivière ou de fontaine, à la consomption d'une seule chopine; retirez alors le pot du feu, & mettez-le dans un autre chaudron plein d'eau chaude, pour que le bain-marie conserve la chaleur du bouillon.

On donne au malade un verre de ce bouillon, de deux heures en deux heures. On lui fait immédiatement auparavant une onction sur la région de l'estomac avec de l'onguent de la comtesse ou du baume catholique, ou avec quelqu'autre liniment fortifiant. On applique par-dessus un cataplasme fait avec de la mie de pain arrosée de vin, dans lequel on aura fait bouillir de l'abſynthe, de la menthe, des roſes ſéches & des balauſtes. Ce traitement ſe répétera de deux heures en deux heures, avant de donner le bouillon. Si le malade dort, il faudra l'éveiller, pour ne pas interrompre le reméde; & ne lui pas donner d'autre bouillon plus nourriſſant, pendant l'uſage de celui-ci. On peut ſeulement, s'il eſt trop foible, lui faire avaler dans deux cuillerées de ce bouillon, un demi-gros de confection alkermès, & lui faire flairer de temps en temps quelqu'eau ſpiritueuſe. Si le malade n'eſt pas guéri, après avoir pris tout le bouillon, on en fera un nouveau, qu'on donnera dans le même ordre; mais on pourra y joindre quelques priſes d'un bouillon plus nourriſſant. Pluſieurs perſonnes ont été guéries par ce remède, au rapport du Docteur Seguier.

Un excellent bouillon dans le

des Oiseaux de Basse-Cour. 295

cas d'hémorragie, est le suivant. Prenez de la racine de guimauve une demi-once; de feuilles de plantain, de millefeuille, de bourse-à-Berger & de bourrache, de chacune une demi-poignée; de roses rouges, une pincée; faites cuire le tout avec un Poulet dans une pinte d'eau que vous réduirez à deux bouillons. Passez ensuite par un linge, avec une légère expression, & partagez en deux prises, à prendre, l'une le matin à jeun, & l'autre sur les cinq heures du soir. On dissoudra dans chaque bouillon, avant de le donner, du bol d'Arménie & de la terre sigillée, de chacun un demi-gros, pour un bouillon convenable dans l'hémorragie.

CHAPITRE QUATRIÈME.

De la Pintade.

Les Pintades sont à-peu-près de la grandeur & de la figure de nos Poules domestiques; mais elles ont la queue baissée comme les Perdrix. Elles ont, comme les Poules, deux appendices membraneuses couleur de chair, qui leur pendent aux deux côtés des joues. Tout le plumage n'est que de deux couleurs, blanc & noir. Les taches du plumage sont presque par-tout d'une forme ronde & régulière, comme lenticulaire, excepté aux ailes, où elles sont allongées, & comme par bandes. Les jambes de cet oiseau sont couvertes de petites plumes; la paupière supérieure a de longs poils noirs, qui se relèvent par en-haut. Au-dessus de sa tête, il y a une crête, ou une sorte de casque, qui tient de la nature d'une peau séche, ridée, d'un fauve-brun, & ressemblant intérieurement à une chair desséchée, & endurcie comme du bois. La Pintade a le bec semblable à celui de nos Poules; la peau des paupières est bleue chez les mâles & rouge chez les femelles; les pieds sont brunâtres; le tiers de la longueur du doigt est uni par une espèce de membrane; le doigt de derrière est court, & les mâles n'ont point d'ergot au derrière du pied.

Les Pintades vont par compagnie, & elles élèvent leurs petits en commun, même ceux qui ne leur appartiennent pas. Elles ont un cri perçant qui incommode; ce qui les fait bannir de quelques basse-cours. Elles sont colères, & aiment à se battre avec les autres volailles. C'est un oiseau vif, dit M. de Buffon en parlant de la Pintade, inquiet & turbulent, qui n'aime pas à se tenir en place, & qui sait se rendre maître dans la basse-cour. Il se fait craindre des Dindons même; & quoique beaucoup plus petit, il leur en impose par sa pétulance. La Pintade, selon le P. Margot, a plutôt donné vingt coups de bec, que les gros oiseaux n'ont pensé à se mettre en défense.

Élien raconte que dans une certaine île, la Pintade est respectée des oiseaux de proie; mais M. de Buffon pense que dans tous les pays du monde, les oiseaux de proie attaqueront par préférence toute autre volaille qui aura le bec moins fort, point de casque sur la tête, & qui ne saura pas si bien se défendre.

La Pintade est du nombre des oiseaux pulvérateurs, qui cherchent dans la poussière où ils se veautrent, un remède contre l'incommodité des insectes. Elle gratte la terre, comme nos Poules communes, & va par troupes très-nombreuses. On les chasse au chien courant, sans autres armes que des bâtons. Comme elles ont les ailes fort courtes, elles volent pesamment; mais elles courent très-vîte, &, selon Belon, en tenant la tête élevée, comme la Girafe. Elles se perchent la nuit pour dormir, & quelquefois la journée sur les murs de clôture, sur les haies, & même sur les toits de maisons, & sur les arbres. Elles sont soigneuses, dit encore Belon, en pourchassant leurs vivres; & en effet, elles doivent consommer beaucoup, & avoir plus de besoins que les Poules domestiques, vu le peu de longueur de leurs intestins, ainsi qu'il est démontré par l'anatomie de ces oiseaux.

Les œufs de la Pintade reſſemblent à ſon plumage par leurs couleurs. Ils ſont un peu plus petits que ceux des Poules communes. Celles qu'on a rendues comme domeſtiques, fourniſſent une quantité d'œufs, tandis que les ſauvages n'en font que dix à douze. Celles-ci paroiſſent, dans nos climats, chercher autant les lieux aquatiques que les Faiſans même.

La Pintade eſt un des meilleurs gibiers. Ses œufs ſont bons à manger. On élève les petits comme les Poulets.

CHAPITRE CINQ.

DU FAISAN.

Le Faiſan eſt un oiſeau qui plaît par la beauté & la variété de ſon plumage. Le mâle eſt à-peu-près de la grosseur d'un Coq domestique ; son bec est de couleur de corne, un peu gros, long d'environ un pouce, fait en lame, & courbé à l'extrémité ; son plumage est mêlé de couleur de feu, de blanc, de verd, & le dessus de sa tête est tantôt d'un cendré luisant, tantôt d'un verd-doré obscur. Les côtés de la tête, ou les joues, sont sans plumes, & ont de petits mammelons charnus, d'un rougeâtre vif. Dans le temps que cet oiseau est en amour, chaque côté de sa tête porte un petit bouquet de plumes d'un verd-doré, placé au-dessous des oreilles, & représentant des espèces de cornes. Ses oreilles sont larges & profondes ; de leur angle inférieur partent quelques plumes noirâtres, plus longues que les autres. Le sinciput, la gorge & la partie du cou la plus proche de la tête, sont d'un verd-doré, changeant en bleu foncé & en violet éclatant; le reste du cou, la poitrine, le haut du ventre & les côtés sont couverts de plumes d'un marron pourpré très-brillant, & bordées, par le bout, d'un noir velouté changeant, & d'un violet très-vif. Celles du cou sont échancrées en cœur par le bout, & en cet endroit la bordure noire remonte vers l'origine de la queue, selon la direction de l'échancrure. La queue a plus de vingt pouces de long. Elle est composée de dix-huit plumes, variées de gris olivâtre, de noir, de marron pourpré, de brun & de roussâtre. L'iris des yeux est jaune; les pieds & les ongles sont d'un gris brun; les doigts sont au nombre de quatre, dont trois devant & un derrière. A la partie postérieure du pied, est un ergot court, mais bien pointu. La femelle est un peu plus pâle. Tout son plumage est varié de brun, de gris, de rous-

des Oiseaux de Basse-Cour.

sâtre & de noirâtre. Elle a autour des yeux un petit espace orné de plumes, & couvert de mammelons charnus, d'un assez beau rouge. Les petits Faisans se nomment Faisandeaux.

Le Faisan est originaire de la Colchide, qu'on nomme actuellement la Mingrélie. On l'a naturalisé depuis long-temps en France; mais ce n'est pas sans peine. On en élève dans toutes les Terres des grands Seigneurs. Ceux qu'on destine pour faire race, ne doivent avoir qu'un an. Les plus jeunes sont ceux qui pondent le plus, & le plutôt; & les couvées qui se font de bonne heure, sont les plus favorables.

On donne cinq Faisandes à chaque Coq; & si on en a plusieurs volées, il faut les séparer dans le temps de la ponte. On leur pratique pour asyle, des enclos à l'air, grands ou petits, selon les commodités qu'on a. Ces enclos doivent être bien fermés, afin de pouvoir garantir les Faisans des Chiens, des Chats, des Rats, & même des Hommes, qui, ne connoissant pas leur naturel, pourroient les effrayer, ou les inquiéter. Les Faisans doivent encore avoir des ombrages, ou d'autres abris, pour s'y réfugier pendant le mauvais temps, ou quand ils sont épouvantés, & des endroits pour pondre hors la vue des oiseaux de proie, des Corbeaux & des Pies, qui viennent enlever les œufs.

On évitera de leur donner pour nourriture des grains maïs, & on aura l'attention que l'eau qui leur sert de boisson, soit toujours fraîche, jamais salie, ni corrompue. On choisira par préférence, pour les enclos de ces animaux, les endroits où se trouvent des plantes ou des herbes dont ils puissent se nourrir, & dans lesquelles ils puissent se fourrer, pour se mettre à l'ombre & à l'abri. On conseille même de cultiver dans ces enclos des fèves, des carottes, des pommes de terre, des oignons, des laitues & des panais, sur-tout des deux derniers, dont les Faisans sont fort friands. On dit aussi qu'ils aiment beaucoup le gland, les baies d'aubépine & la graine d'absynthe ; mais le froment est la meilleure nourriture qu'on puisse leur donner, en y joignant les œufs de Fourmi. Quand la terre de l'enclos est fraîche, elle ne vaut que mieux pour eux. Ils y trouvent des Crapauds, des Limaçons & des Vers, dont ils sont très-friands. Ils ont même bientôt fait d'en nettoyer le terroir. On aura en outre soin que leur mangeaille ne soit pas mêlée avec la fiente. Quelques Auteurs recommandent de prendre garde qu'il n'y ait des Fourmis mêlées avec les œufs de ces insectes, quand on leur en donne, de peur que les Faisans ne se dégoûtent de ces derniers ; mais Edmond King veut qu'on leur donne des Fourmis même, & prétend que c'est pour eux une nourriture très-salutaire, & seule capable de les retablir, lorsqu'ils sont foibles & abattus. Dans la disette, on y substitue avec succès des Sauterelles, des Perce-oreilles, des Millepieds. Mais quelque nourriture qu'on donne à ces animaux, il faut la leur mesurer avec prudence, de peur qu'ils ne deviennent trop gras, & par-là moins féconds.

Dès que les Faisans auront pondu leurs œufs, on les donnera à couver au-plutôt à des Poules communes ou à des Poules d'Inde; & en attendant qu'on fasse éclorre les œufs, on les mettra dans du son en un endroit sec, qui ne soit ni chaud ni froid. Les œufs de

Faisanes sont plus petits que ceux des Poules ordinaires, & conséquemment beaucoup plus que ceux des Poules d'Inde ; on en peut donc mettre un plus grand nombre pour couver sous ces dernières. La première couvée des Faisans peut éclorre au mois de Mai.

On peut faire par précaution une boîte de la longueur de cinquante-six pouces, de la largeur de douze à treize, & de pareille hauteur, sans couvercle. A vingt pouces de l'un des bouts de cette boîte, on pratique une séparation avec des bâtons placés à trois pouces l'un de l'autre. On place cette boîte sur un terrein sec, auprès d'un mur exposé au couchant ; le nord & le levant seroient trop froids, & le midi trop exposé au soleil. Voici actuellement l'usage de cette boîte.

Dès que les petits Faisans sont éclos, on les met avec la Poule dans la partie de la boîte la plus petite ; l'autre partie est destinée à leur donner à manger. On la couvre d'un filet, pour empêcher les Moineaux de leur dérober ce qu'on leur donne. La séparation à claire-voie leur laisse la liberté d'aller chercher leur mangeaille, & de venir à la Poule, quand ils ont mangé. On fournira la case de la Poule de la nourriture qui lui est propre, & on lui donnera aussi de l'eau claire pour sa boisson. On tiendra les Faisandeaux pendant dix jours dans cette boîte. La nourriture qu'on leur donnera pendant ce temps, consistera en œufs de Fourmis noires, qu'on ramassera dans les bois. Indépendamment de ces œufs, on leur préparera une pâte avec de la farine d'orge & un œuf en son entier, y comprise sa coquille pulvérisée. On rend cette pâte d'une consistance propre à en former de petites boulettes de la même forme & de la même grosseur que les œufs de Fourmis noires. Leur boisson pendant les six premiers jours, sera un peu de lait, qu'on aura mis dans un vase de terre peu profond. Au septième jour, on coupera le lait avec pareille quantité d'eau. On leur changera pour lors la pâte; on n'y mettra plus le dedans de l'œuf: on la fera seulement avec la seule coquille bien broyée, & de la farine d'orge pétrie avec du lait.

Le dixième jour écoulé, on retire les Faisandeaux de la boîte, avec la Poule, & on les met dans un petit clos, fait avec des bâtons ou des fils d'archal, & élevé à deux pieds, pour qu'ils ne s'écartent pas trop de la Poule. On peut alors ne leur donner pour boisson que de l'eau, & pour nourriture, que la pâte faite simplement avec la farine d'orge & l'eau; mais on aura néanmoins attention de leur donner toujours quelques œufs de Fourmis, après le repas. C'est ainsi qu'on gouverne les Faisandeaux, pendant une semaine entière. Ils auront pour lors 17 jours. C'est le vrai temps de les tirer du gazon, sous lequel ils étoient renfermés, & de leur substituer un gazon nouveau, où il faut les laisser en liberté. Ils courent & ils volent où ils veulent, jusqu'à la St Michel. Ils ne quittent pas néanmoins la Poule, à moins qu'ils ne soient effrayés par des Chiens.

On leur continuera la même nourriture que ci-dessus, jusqu'au temps de la moisson. On pourra leur donner pour lors quelques épis de bled, & ensuite des pois. Une chose bien surprenante dans les Faisans, c'est que ces oiseaux, qui mangent avec tant d'avidité les petits Crapauds, ne touchent point aux Lézards, ni aux Grenouilles. Par le soin qu'on prend de ces oiseaux, on peut donc en élever, sans beaucoup de peine; mais c'est en petite quantité, d'autant que les œufs de Fourmis sont pour eux un aliment nécessaire, & qu'on en trouve rarement assez.

Lorsqu'on veut peupler les bois de Faisans, il ne faut pas leur couper les ailes; mais, si on n'en veut avoir que dans ses enclos, ses bosquets, cette opération devient pour lors indispensable. Quoique ces animaux soient fort attachés au local, ils ne laisseroient pas néanmoins de s'écarter, & pour lors on les perdroit. On leur coupe dans ce cas les ailes. On les plume pour cet effet autour de la première jointure d'une aile; on lie fortement la partie supérieure de la jointure avec un fil, pour arrêter l'écoulement du sang, lorsqu'on coupe l'aile. Cette opération se fait en tranchant l'aile dans la jointure avec un couteau bien aiguisé, qui les hache auſſitôt ; mais il faut les obſerver pendant une heure, pour voir s'ils ne ſaignent point ; & en cas que cela ſoit, on les reprend, & on paſſe ſur la coupure une pipe à tabac, rougie au feu. On ne coupera les aîles à ceux de la ſeconde couvée, qu'au mois de Septembre.

Quand le mois de Juillet eſt humide, il faut les faire rentrer tous les ſoirs une heure avant le coucher du ſoleil, & les faire ſortir le lendemain de grand matin. Le genêt épineux eſt l'abri que ces oiſeaux choiſiſſent par préférence ; on fera donc très bien d'en planter dans les enclos ou boſquets où on les retient.

Quand les Faiſandeaux ſont jeunes, ils ſont fort ſujets à être infectés d'une eſpèce de Poux, de même que toute la volaille. Ils en maigriſſent très-fort, & meurent même quelquefois. Le meilleur remède

remède pour les en préserver, est d'avoir soin de les tenir bien propres.

Lorsque ces oiseaux ont passé l'âge de deux mois, les plumes de leurs queues sont sujettes à tomber, & il leur en pousse de nouvelles. C'est pour eux un temps bien critique : il n'y a que les œufs de Fourmis, qui soient capables de le rendre moins dangereux.

Une maladie qui leur est commune avec les Poulets, est la pépie. Cette maladie leur est presque toujours mortelle : elle se manifeste par une pellicule blanche qui recouvre leur langue ; pour les en garantir, il faut renouveler souvent leur eau.

Ces oiseaux sont encore souvent exposés, lorsqu'on les tient trop renfermés, principalement quand ils sont jeunes, à une certaine maladie contagieuse, qu'on ne peut prévenir qu'en leur rendant la li-

O

berté. Cette maladie se manifeste par une enflure considérable à la tête & aux pieds, & par une soif inextinguible, qui hâte encore leur mort, quand on la satisfait.

Les Faisans se perchent la nuit dans les hautes futaies ; & ils habitent pendant le jour les bois taillis, les buissons, & les lieux remplis de broussailles. La femelle fait son nid à terre, dans les buissons les plus épais ; elle pond la même quantité d'œufs que la Perdrix.

On prétend que la Poule domestique accouplée avec le Coq Faisan, pond des œufs tachetés de noir, & que les œufs sont plus gros que ceux de la Poule commune. Les petits qui proviennent de ces œufs, sont, dit-on, si semblables aux Faisandeaux, qu'il seroit très-aisé de s'y méprendre.

La chasse des Faisans se fait, ou au hallier, ou avec les poches à Lapin, ou avec des colliers & des lacets, ou enfin avec le chien couchant. 1°. Pour se servir du hallier, il faut savoir les endroits du bois, où ces oiseaux habitent ; ce qu'on reconnoît par leur chant, qu'on entend le matin, & par les appâts qu'on leur jette ; ce dernier moyen est le plus sûr. On jette de l'avoine ou d'autres grains dans les voies qu'on sait que les Faisans ont coutume de tenir. Si la quantité de grain diminue, on doit être assuré qu'il y en vient ; on revient par conséquent le lendemain à la pointe du jour, & on tend les halliers dans les sentiers où aboutissent les voies du gibier : on se retire ensuite sous un arbre, & on a l'œil fixé sur les piéges. Quand quelque Faisan s'y trouve pris, on tâche de le dégager, en silence, pour ne pas effrayer ceux qui pourroient l'imiter. Le hallier dont on se sert pour cette chasse, est un filet à mailles quarrées, large de cinq à

O ij

six pouces, & haut de trois grandes mailles ; quant à sa longueur, elle dépend du chemin où on veut le tendre. Les piquets qui tiendront à ce filet, seront éloignés l'un de l'autre de deux pieds & demi, & le fil qui en composera le tissu, sera retors & ferme, pour que le Faisan ne puisse le rompre.

2°. Quand on veut attraper les Faisans avec les poches à lapin, on prend une petite baguette longue de cinq à six pouces, & un peu moins grosse que le petit doigt; on aiguise chaque bout, & on les fiche à terre aux deux extrémités du chemin, en courbant la baguette en forme de demi-cercle ; on prend ensuite la ficelle qui passe dans la boucle d'un filet, on l'attache aux deux pieds de la baguette contre terre, on relève le filet, & on le place au haut du demi-cercle, de façon néanmoins qu'il n'y tienne que fort légèrement. Cette méthode est très-simple: mais on observera qu'il faut attirer les Faisans dans le demi-cercle, par le moyen d'un appât.

3°. Si on veut les prendre avec des collets ou des lacets, on fait provision de quelques branches d'arbres & de piquets hauts d'un pied ; on en fait une haie, à laquelle on ne donne qu'environ neuf pouces de hauteur : on jette auprès de ces haies du grain pour attirer le gibier, & on attache aux piquets, les collets, ou les lacets, faits de crins de cheval ; on a seulement l'attention de laisser au milieu de chaque haie un espace pour passer le Faisan ; c'est-là précisément où le piége doit être tendu. Les lacets se posent par terre ; le gibier se prend ainsi par le pied ; mais les collets doivent être attachés plus haut, & placés à portée du Faisan, puisque c'est par le cou qu'il s'y prend. On tend aussi les lacets dans quelques avenues où il y ait de l'eau : les Faisans en allant à l'abreuvoir, tombent dans le piége qu'on leur a tendu.

4°. La dernière méthode pour attraper les Faisans, est par le moyen du chien couchant : on a avec soi un filet qu'on nomme tiraffe, & on s'affocie au nombre de trois ; l'un guide le chien, & les deux autres le filet. Il ne faut pas se hâter dans cette chaffe. On tiendra long-temps le chien en arrêt, & on donnera à ses deux affociés le temps de s'approcher avec le filet, afin qu'ils puiffent envelopper en même-temps le gibier & le chien couchant.

Le naturel des Faisans est si farouche, que non-seulement ils évitent l'homme, mais qu'ils s'évitent les uns les autres, si ce n'est au mois de Mars ou d'Avril, qui est le temps où le mâle recherche la femelle ; & il est facile alors de les trouver dans les bois, parce qu'ils se trahissent eux-mêmes par un battement d'ailes qui se fait entendre de fort loin ; en un mot les Faisans sont très-sauvages : il est extrêmement difficile de les apprivoiser ; ceux même qui sont accoutumés à la société de l'homme, ceux qui sont comblés de ses bienfaits, ne s'éloignent pas moins de toute habitation humaine : on prétend néanmoins qu'on les accoutume quelquefois à revenir au coup de sifflet ; c'est-à-dire, à venir prendre la nourriture, que ce coup de sifflet leur annonce toujours ; mais dès que leur besoin est satisfait, ils reviennent à leur naturel, & ne connoissent plus la main qui les a nourris : ce sont des esclaves indomptables, qui ne peuvent se plier à la servitude ; qui ne connoissent aucun bien qui puisse entrer en comparaison avec la liberté ; qui cherchent continuellement à la recouvrer, & qui n'en manquent pas l'occasion : les sauvages qui viennent de la perdre, sont furieux ; ils fondent à grands coups de bec sur les compagnons de leur captivité, & n'épargnent pas même le Paon.

Il n'y a guères d'oiseaux dont la chair ait un goût plus exquis & plus délicieux que celle du Faisan. Pour qu'elle soit en sa bonté, il faut que l'animal soit jeune, tendre, gras & bien nourri : en général la chair du Faisan nourrit beaucoup, produit un bon suc, & fournit un chyle solide & durable : les œufs de cet oiseau sont pareillement excellens. De tous les mêts qu'on prépare avec le Faisan, aucun ne l'emporte sur un Faisan rôti.

Le Faisan est très-recommandé dans la Médecine : son usage est salutaire aux épileptiques, & à ceux qui sont attaqués de convulsions ; son fiel s'emploie pour éclaircir la vue, & pour dissiper les taches de la cornée. Sa graisse appliquée extérieurement fortifie les nerfs, dissipe les douleurs de rhumatisme, & résout les tumeurs.

CHAPITRE SIXIEME.

DE L'OUTARDE.

L'Outarde est un oiseau qui surpasse, pour la taille, le Coq d'inde: elle n'a point de doigts derrière, & elle a presque toutes les habitudes de la Canne petiere; son plumage est varié de blanc, de noir, de brun, de gris, & de couleur de rose; son bec est long de trois pouces, fait en cône courbé, & d'un gris brun; ses jambes & la moitié de ses cuisses sont couvertes de petites écailles grises, hexagones & revêtues d'une membrane délicate. On trouve des Outardes qui ont trois pieds de haut, depuis le bec jusqu'aux ongles ; ensorte qu'on peut regarder cet oiseau comme un des plus grands qui nous soit connu.

Les Outardes paroissent pendant l'hyver, en grandes bandes dans les plaines ; une d'entre elles fait sentinelle, & avertit ses compagnons du moindre danger. En été, ces oiseaux se séparent pour s'accoupler, & si plusieurs mâles rencontrent une femelle, ils se battent pour jouir d'elle en liberté ; de temps en temps on trouve des victimes de l'amour sur le champ de bataille, jamais les Outardes ne se perchent sur les arbres, & on ne les trouve point dans les eaux, à moins que les campagnes, où elles vivent, ne soient inondées ; elles sont si timides de leur naturel, que, pour peu qu'elles se sentent blessées, elles se laissent mourir de langueur;

par conséquent elles aiment mieux ne pas exister, que d'exister avec peine.

Ces oiseaux se nourrissent de grenouilles, de souris, de mulots, & d'insectes; mais ils sont frugivores pendant l'hiver. On trouve dans leurs estomacs, de petits cailloux, qu'ils avalent comme l'Autruche, pour faciliter leur digestion. Leur nid est semblable à celui du corbeau. La vraie Outarde n'est point originaire de nos climats; celles, qu'on trouve en Champagne & en Poitou, ne sont que des oiseaux dégénérés.

L'Auteur du Guide du Fermier prétend qu'on peut élever les Outardes dans les maisons & dans les parcs; cela n'est pas même difficile selon lui : voici la méthode avec laquelle il s'y est pris. Il en a fait ramasser des œufs, vers le mois d'Avril, c'est ce qui a le plus coûté; il les a donné à couver à des Pou-

O vj

les d'inde. Il a laiffé courir les petits auffi-tôt qu'ils ont été éclos; en leur donnant cependant des œufs pourris, durs, hachés bien menu. On leur coupera les ailes, dès qu'ils feront un peu forts; fans quoi ils pourroient très-bien s'envoler. On chapone quelquefois les mâles, de même que les Coqs d'inde : ils en deviennent plus gros; on leur fait cette opération après la moiffon. L'Outarde eft en tous points infiniment plus aifée à élever qu'un Dindon.

Le vol de l'Outarde eft de peu de durée, parce que fes ailes ne peuvent foutenir le poids de fon corps : auffi arrive-t-il quelquefois de la prendre à la main; fur-tout quand on fe preffe de l'atteindre, avant qu'elle ait pris fon effor; car avant de voler, il faut qu'elle coure trois ou quatre cens pas.

Si l'on pouvoit dreffer le Renard, comme le Faucon, à la chaffe des oiseaux, on en tireroit de grands services; car on détruit plus de gibier par la ruse que par la force. Lorsque cet animal veut aller à la chasse de l'Outarde, il se couche à terre, & représente avec sa queue un oiseau à long col ; l'Outarde trompée, s'approche de la proie, & devient elle-même celle du plus adroit quadrupède.

On chasse aux Outardes avec des Levriers, qui les prennent de vîtesse, avant qu'elles se soient élevées de terre. On les prend encore à l'hameçon, en y attachant de la pomme ou de la viande ; mais le plus communément, on va à cette chasse à cheval, car cet oiseau se laisse aisément approcher ; on le tue pour lors à coups de fusil.

Nous allons exposer ici la méthode la plus sûre & la plus lucrative pour chasser aux Outardes, on choisit le côté d'un étang ou d'une rivière qui soit plantée d'arbres, & s'il ne l'est pas, on pique sur ses bords des perches, longues de huit pieds, & grosses comme le bras. On les met en droite ligne, également éloignées les unes des autres, & un peu penchées du côté de l'eau. Ces arbres ou ces perches sont nécessaires pour y attacher deux filets, qui doivent être lâches, & descendus jusques sur les bords de l'eau. Ces filets se placent l'un au bout de l'autre, & on menage au milieu un passage étroit, pour qu'un homme à cheval puisse y passer. Après ces préparatifs, on monte à cheval ; on penche son corps sur le cou de cet animal, & on va en ligne directe aux Outardes. Dès que ces oiseaux apperçoivent le Cheval, ils courent à lui à ailes déployées. On marchera pour lors droit au filet ; on remontera ensuite à quinze pas, & on gagnera le derrière de son gibier. Tous les

Chasseurs se réunissent alors pour pousser les Outardes dans le piége. On assomme avec un bâton celles qui se débattent entre les filets. La facilité de cette chasse n'en détruit pas l'agrément.

Quand l'Outarde est jeune, sa chair est assez tendre & d'un bon goût. Le temps où elle est la meilleure, c'est en automne & dans l'hiver. Il faut la laisser mortifier quelques jours ; sans quoi elle est d'une digestion difficile. Elle ne convient qu'aux personnes qui ont un bon estomac, & à celles qui font quelques exercices capables de favoriser la digestion.

CHAPITRE SEPTIÈME.
DE L'OIE.

C'EST un oiseau amphibie, qui vit sur la terre & sur l'eau. On en distingue en général de deux espèces, la domeſtique & la ſauvage; quoique cependant la première provienne de la ſeconde. La domeſtique eſt plus petite que le Cigne; mais plus grande que le Canard. Lorſqu'elle eſt engraiſſée, elle pèſe juſqu'à dix livres. Elle a trois pieds de longueur, depuis le bout du bec juſqu'à celui des pieds, & ſon enverjure eſt de quatre pieds & demi; ſon bec eſt long de deux pouces & demi; ſa queue a ſix pouces & demi de longueur, & eſt compoſée de dix-huit grandes plumes Cet oiſeau a le cou beaucoup plus court que le Cigne, mais plus long que celui du Canard. Il varie en couleur, comme tous les oiſeaux domeſtiques. Tantôt il eſt brun & panaché, tantôt il eſt cendré ou blanc, mêlé de brun. Les jeunes Oies ont les pieds jaunes, & les vieilles les ont rouges. L'Oie ſauvage eſt plus petite que la domeſtique. Elle s'apprivoise très-difficilement. C'est un oiseau de passage, qui vient passer l'hiver parmi nous. Ces oiseaux sauvages volent par bandes, le jour & la nuit, avec beaucoup d'ordre, en forme de triangle sans base. Ils se font entendre de loin, par leurs cris perçans. Leur envergure est très-étendue ; leur cou est aussi fort long. Elles ont le bec, les jambes & les pattes d'un jaune safrané. Leur machoire supérieure est garnie de plusieurs rangs de petites dents, & celle de dessous d'un seul rang de chaque côté. Leur langue en a aussi une de chaque côté sur la membrane extérieure ; quelquefois même leur palais est aussi denté.

Les Oies ont cela de singulier, que lorsqu'elles se mettent en colère, elles sifflent comme un Serpent.

C'est peut-être, de tous les oiseaux, celui qui vit le plus long-temps. Willugby rapporte avoir vu une Oie de quatre-vingts ans, qui auroit même vécu encore quelque temps, si on n'avoit pas été obligé de la tuer, à cause de sa méchanceté, & des mauvais traitemens qu'elle faisoit aux Oisons.

Rien n'est si commun, que de voir les Oies s'assembler en certains temps de l'année, pour passer en d'autres pays, d'où elles reviennent ensuite, chacune dans leurs maisons. Elles sont cependant fort pesantes de leur naturel, & elles marchent lentement, ce qui est d'autant plus surprenant. Souvent même on les mène en troupes à plus de quinze lieues, comme si on conduisoit des Dindons.

On distingue deux races d'Oies domestiques. L'une est grande, de belle couleur & féconde; l'autre, qui tire plus sur l'Oie sauvage, est plus petite, & d'un moindre rapport. Dans les fermes & maisons

des Oiseaux de Basse-Cour. 331

de campagne, les Oies qui sont blanches & de grande race, sont préférées à celles dont le plumage change de couleur. Ce ne sont pas là néanmoins les seuls indices, pour connoître les Oies de bonne qualité. Il faut qu'elles aient en outre l'œil gai. Le mâle s'appelle *Jars*. Plusieurs prétendent qu'en fait de femelles, lorsqu'on en fait l'achat, il faut choisir celles qui ont le pied & l'entre-deux des jambes bien larges.

La femelle des Oies fait trois pontes par année, si on l'empêche de couver ses œufs; & on retire par là de cet oiseau plus de profit. On fait, dans ce cas, couver les œufs par des Poules d'Inde, ou même par celles du pays. C'est ordinairement depuis le commencement de Mai jusqu'à la fin de Juin, que les Oies femelles font leurs œufs. Elles n'oublient jamais l'endroit où on les a menées pondre pour la première fois ; chose bien particulière dans ces oiseaux : en sorte que dès qu'une fois elles ont pondu leur premier œuf, elles y pondent successivement tous les autres. Elles les couvent aussi dans le même endroit, si on le veut. On fera très-bien de ne pas les laisser pondre hors de leurs parcs, mais de les tenir renfermées, lorsqu'on s'apperçoit qu'elles veulent le faire. Si on ôte leurs œufs, à mesure qu'elles les pondent, elles en pondent quelquefois jusqu'à cent, & même deux cents ; mais si on les y laisse, elles les couvent, dès qu'elles ont la couyée complette. Dans le Hainaut, l'Artois & quelques autres Provinces de la France, on tire un profit considérable d'une aussi grande quantité d'œufs ; aussi y voit on, après la moisson, de nombreux troupeaux d'Oies pâturer dans les champs avec les Dindons.

Quand on fait couver une Oie, on la nourrit avec de l'orge. On détrempe cette orge dans l'eau, & on la place à portée de son nid, afin qu'elle ne le quitte que le moins qu'il sera possible: ou bien, si on ne place pas la mangeaille auprès d'elle, on la lui donnera toujours au même endroit, & à la même heure. Si on manquoit une fois, il n'en faudroit pas davantage pour exposer les œufs à se refroidir, ou la mère à se dégoûter de les couver; en sorte que la ponte se trouveroit par là perdue. Si on fait couver les œufs d'Oie par des Poules communes, il faudra choisir les plus grosses & les meilleures couveuses. On peut donner huit de ces œufs à chaque Poule ; mais on fera cependant mieux de ne leur en donner que cinq ou six. Les Poules d'Inde peuvent en couver jusqu'à onze. Il faut que les œufs soient couvés pendant un mois entier, pour qus les Oisons puissent en sortir.

Dès que les Oisons sont hors de la coquille, on les tient enfermés à l'étroit avec leur mère, pendant huit ou dix jours ; on leur donne pour nourriture du son humecté, avec de l'orge bouillie. Ce temps passé, on les lâche le premier beau temps. A la dernière rigueur, on pourroit les lâcher aussitôt qu'ils sont nés ; l'herbe qu'ils pâtureroient pour lors pourroit leur servir d'aliment.

Si on veut élever les Oisons, il faut recommander à la fille de basse-cour de ne les point laisser sortir par la pluie ; elle leur est très-dangereuse dans les premiers temps qu'ils prennent l'air, quoi-qu'ils aiment néanmoins pour lors à nager sur l'eau. Il faut aussi lui recommander de ne pas laisser mêler les Oisons avec les Oies, jusqu'à ce qu'ils soient assez forts,

des Oiseaux de Basse-Cour. 335

pour se bien défendre des coups, auxquels ils sont exposés, comme nouveaux venus. Quand ils sont forts, ces oiseaux ne prennent de la nourriture, qu'aux champs. Plusieurs personnes sont actuellement dans l'habitude de donner à ces animaux deux fois par jour, le matin & le soir, du son un peu gras, des laitues, de la chicorée & du cresson-alénois pour les mettre en appetit, & les envoyent tous les jours dans les prés & dans quelques étangs, sous la conduite d'un garde, qui n'est souvent qu'un enfant, & dont l'office est d'empêcher qu'ils n'entrent ou qu'ils ne volent dans les lieux défendus, & qu'ils ne mangent des orties & des ronces, principalement de la jusquiame, qui les fait périr, & que, pour cette raison, on nomme *mort aux Oisons*, de même que de la ciguë, qui est aussi pour eux un narcotique mortel.

Quelques Auteurs donnent aux Oies pour attribut, la stupidité; mais ils errent en cela, car elles sont, on ne peut pas, plus vigilantes. Leur sommeil est léger; elles se reveillent au moindre bruit. Elles font même souvent l'office de Chien, pour garder la nuit une maison de campagne; car dès qu'elles entendent quelque chose, elles ne cessent de jeter des cris. On raconte dans l'Histoire Romaine que les Oies du Capitole de Rome éveillèrent les Soldats, qui étoient dans le corps-de-garde, ce qui fut cause que l'ennemi fut repoussé, au moment même qu'il étoit sur le point de s'emparer de cette forteresse; aussi les Romains ont-ils placé les Oies au rang des oiseaux sacrés. L'Émery prétend que ces oiseaux sont disciplinables. On les emploie souvent, à la campagne, à faire tourner une roue, qui sert de tourne-broche.

Quand

des Oiseaux de Basse-Cour. 337

Quand on veut engraisser les Oies & Oisons, on leur plume le ventre, & on les renferme dans un endroit chaud, étroit & obscur. Quelques-uns, au lieu de les renfermer, leur crèvent les yeux, ce qui ne les empêche ni de boire ni de manger. On se contente seulement de leur donner à manger une fois, après quoi elles vont elles-mêmes chercher leur nourriture. Il ne faut pas leur en laisser manquer. On leur donne de petites fèves de marais, des pois, du bled de Turquie ou du bled de Sarrasin; & on leur présente encore souvent du charbon broyé. Quand ces oiseaux sont vieux, il leur faut un mois entier pour bien s'engraisser; mais quand ils sont jeunes, en moins de quinze jours ou trois semaines, ils ont acquis toute leur graisse. Personne n'excelle, comme les Juifs, pour les engraisser. Il se fait à Paris un débit considéra-

P

ble d'Oies graffes, pendant le tems de la St Martin. Anciennement ou ne les débitoit dans cette ville, que dans la rue aux Oies, qui s'appelle à préfent la rue aux Ours. Les Rotiffeurs qui les vendoient, s'appeloient Oyers.

Les Anciens ne donnoient que trois Oies femelles à chaque Jars. Rien n'empêche cependant qu'on ne lui en donne fix; il peut fuffire à ce nombre.

Il ne faut jamais mettre que trente Oifons au plus à chaque toît; on n'y en mettoit même anciennement que vingt. Les grands battent ordinairement les petits. Il faut par conféquent les féparer les uns des autres, par des claies ou autrement. On leur fera fouvent renouveler leur litière, afin qu'elle foit toujours féche, nouvelle, nette & fine. On les garantira par ce moyen de toutes fortes de vermines.

des Oiseaux de Basse-Cour. 339

Dès que les Oisons ont atteint l'âge de deux mois, on les plume pour la première fois, ce qu'on réitère au commencement de Novembre pour la seconde fois.; mais cependant avec modération, à cause du froid qui approche, & qui les morfondroit. En plumant les Oisons, on peut aussi en même temps plumer leurs mères. Les parties du corps qu'on leur dégarnit de plumes, sont, pour l'ordinaire, le ventre, le cou & le dessous des ailes. Ces parties ne sont jamais couvertes que de ces plumes fines, dont on fait les lits. On prétend que la plume des Oies mortes n'est pas si bonne que de celles qui sont vivantes. On dit à-peu-près la même chose de la plume des Oies maigres, qui passe pour être de beaucoup supérieure à la plume des Oies grasses. Quand on veut avoir de bonnes plumes à écrire, c'est au mois de Mars & de Sep-

P ij

tembre qu'on les leur tire. On les choisit dans les ailes; & quand on veut employer ces plumes, on les passe dans les cendres chaudes: cela les dégraisse.

En général, on peut dire que les Oies sont des oiseaux de grand profit, & en même temps de peu de dépense. Elles pondent ordinairement douze œufs; & une Oie mère peut en couver dix-huit. Sa nourriture pendant le temps de l'incubation, peut aller jusqu'à un setier d'orge. En mettant le setier à vingt sols, les dix-huit Oisons qui proviennent de cette incubation, ne coûtent donc que vingt-un sols; après quoi ces animaux ne coûtent plus rien, jusqu'à ce qu'on les engraisse. Un setier d'orge par tête peut encore suffire pour leur engrais; par conséquent une Oie grasse ne revient qu'aux environs de vingt-un sol. Mais avant de l'engraisser, on peut la plumer trois fois. Les plumes qui en proviendront, vaudront bien peu, si elles ne valent au moins douze sols. Si on retranche douze de vingt-un, restera neuf sols pour la dépense totale d'une Oie grasse. Quand une Oie est parvenue au degré d'engrais nécessaire, elle se vend à-peu-près quatre fois le fonds de sa dépense.

On peut juger par là de quel intérêt c'est pour un économe, d'élever de ces oiseaux dans les basse-cours, puisqu'ils sont d'un aussi-bon rapport, & qu'ils n'exigent aucun soin ni dépense pour les nourrir. En bon père de famille, on ne peut se dispenser d'en avoir. Il est vrai cependant qu'on reproche à ces animaux quelques petits défauts; mais il s'en manque bien que ces défauts soient tels qu'on se l'est imaginé jusqu'à présent. L'Oie a le bec fort, & garni de deux rangs de dents très-tranchantes, en sorte que, si l'herbe ne se trouve pas bien enracinée, elle peut en arracher quelques pieds; mais ce léger dommage se répare bien vîte dans les prairies, tant par la fécondité des plantes voisines, que par le bénéfice d'une pluie douce; & même quand, par hasard, on rencontre quelquefois de petites touffes d'herbe arrachées par les Oies, ce n'est pour l'ordinaire que dans de mauvais prés, dégradés par des eaux stagnantes, où il ne croît d'autres plantes, que quelques espèces de gramens capillaires, enveloppés presque toujours de mousse. Quant aux blés, sur-tout lorsqu'ils sont encore foibles, il n'est pas douteux que les Oies, qui sont naturellement voraces, ne puissent leur faire beaucoup de tort; aussi doit-on avoir soin de les en écarter. Il y a même des villages de labour, où on a grand soin, dans le temps des semailles, de leur arracher les principales plumes, pour pouvoir plus facilement les empêcher par-là de s'échapper dans les bleds. Mais si les Oies sont nuisibles à cette production, on ne doit pas en conclure qu'elles le soient également dans les jachères & les pâtis ingrats, où à peine les bestiaux trouvent de quoi se nourrir. Ces vastes pâtis sont situés presque toujours sur des coteaux pierreux, où l'herbe tient fortement au sol, & y est le plus souvent si courte, que les Oies ne peuvent pas aisément l'arracher. D'ailleurs ces pâtis, pour la plupart, appartiennent aux Communautés; ainsi tous les Habitans ont droit d'y faire paître les Oies. Il est donc clair, par tout ce que nous venons de dire, que les Oies n'endommagent jamais les bonnes prairies; qu'on peut les laisser paître en toute sûreté dans les pâtis, les jachères & les terres vagues; qu'il n'y a simplement que les bleds, dont on doive les écarter.

Mais, dira-t-on, peut-être leur fiente a une qualité corrosive, & par conséquent elle peut nuire aux herbes. C'est une erreur établie par les anciens préjugés, mais qui se dément journellement par l'expérience : car, après avoir examiné, à plusieurs reprises, les endroits où cette fiente avoit séjourné; on a trouvé non-seulement que l'herbe n'y avoit pas jauni, qu'au contraire elle en étoit même devenue plus verte & plus touffue.

Les endroits les plus convenables pour élever des Oies, sont les voisinages des rivières & des marais. Ces oiseaux aiment l'eau; d'ailleurs ils trouvent dans ces endroits marécageux une nourriture convenable, telles que les plantes qui se nomment lentilles d'eau, potamogetons & autres de pareille nature.

des Oiseaux de Basse-Cour. 345

L'Oie est un assez bon manger. On donne avec justice la préférence à l'Oie sauvage. Le goût en est plus savoureux. Ni l'une ni l'autre ne fournissent néanmoins un mets bien salutaire. On ne doit même en user que modérément, & leur chair ne convient qu'aux personnes robustes, habituées à des exercices pénibles. Mais quant à celles qui ont l'estomac foible, & qui mènent une vie sédentaire, elles doivent totalement s'en abstenir. Pour que l'Oie soit bonne à manger, il faut la choisir tendre, ni trop jeune, ni trop vieille, bien nourrie, & qui ait été élevée dans un air pur & serein. L'Oie s'accommode différemment, pour être servie sur nos tables: les cuisses sont ce qu'il y a de plus estimé. Les Habitans de la Gascogne savent les apprêter de manière à les conserver une année entière.

Dans le Dictionnaire Économi-

P v

que, on trouve une excellente méthode pour conserver aussi leur chair. Après avoir épluché les Oies, & les avoir flambées, on en lève les cuisses, & on en tire les gros os ; on lève ensuite l'estomac, de façon que la chair des ailes y tienne ; après quoi on coupe cet estomac en deux dans sa longueur, & on tire les os ; on coupe en outre le croupion, & on en ôte le sang, qui pourroit être dans les reins ; on enlève en même temps toute la graisse, pour la faire fondre ; on soupoudre de sel fin la chair, & on la laisse ainsi pendant cinq ou six heures, afin qu'elle puisse prendre sel ; on la fait presque cuire dans la graisse ; on l'en tire ensuite, pour la laisser égoûter & refroidir. Étant froide, on l'arrange, lit par lit, dans un baril, avec quelques grains de poivre, clous de gerofle & feuilles de laurier. Lorsque le baril est garni, on le remplit de

des Oiseaux de Basse-Cour. 34

graisse d'Oie ou de saindoux fondu, & on ne le ferme que quand le tout est bien froid ; après quoi on le garde dans un lieu bien frais.

L'Oie rôtie est le seul mets un peu passable ; encore faut-il qu'elle ne soit ni trop jeune, ni trop vieille. Quand elle est trop jeune, la chair en est visqueuse ; quand elle est trop vieille, elle est dure, séche & d'un mauvais suc.

L'Oie est d'usage en Médecine. On emploie son sang, sa graisse, ses excrémens & la première peau de ses pattes. On prétend que son sang est propre à résister au venin. On le prescrit depuis la dose d'un gros jusqu'à deux dans la mélancolie & autres maladies de cette espèce. On le fait sécher, on le réduit en poudre, & on l'incorpore avec quelque syrop. Appliqué extérieurement, il guérit les démangeaisons. La graisse d'Oie est émolliente, incisive & résolutive. Elle

P vj

lâche le ventre, prise intérieurement. C'est encore un liniment très-bon, dans la paralysie des nerfs, les convulsions & les contractions des membres. C'est un excellent adoucissant, dans les cas d'hémorrhoïdes. Quant à la première peau des pattes de l'Oie, elle est douée d'une vertu astringente; aussi convient-elle très-bien, pour arrêter les hémorrhagies & le flux menstruel trop abondant. On l'applique encore avec succès contre les engelures. Il y a quelques Auteurs qui prétendent que la langue d'Oie pulvérisée convient contre la rétention d'urine. Il est inutile de parler ici de ses excrémens, considérés comme médicamens. A quoi bon y avoir recours, quand on peut avoir d'autres remèdes, pour le moins aussi efficaces, & qui ne sont pas si dégoûtans?

Personne n'ignore combien

cet oiseau entre dans nos usages domestiques. Ses petites plumes servent à faire des lits, qui nous facilitent un sommeil agréable; & les grandes plumes de ses ailes nous fournissent des plumes à écrire, dont l'usage est pour tout le monde, d'une commodité infinie.

CHAPITRE HUITIÈME.

DU CANARD.

LE genre des Canards est peut-être celui des genres d'oiseaux le plus étendu : il comprend plusieurs espèces, tant domestiques que sauvages. Parmi les espèces sauvages, les unes fréquentent les eaux douces d'étangs, de lacs, de rivières, comme le Canard sauvage ordinaire, le Canard à large bec & a ailes bigarrées, le Canard à mouches, le Canard à queues pointues en fer de pique, la Sarcelle, &c. les autres se plaisent dans les eaux salées & aux bords de la mer : nous ne parlerons pas de ceux-ci, nous réservant seulement de parler ici du Canard sauvage ordinaire & du Canard domestique.

Le Canard sauvage ordinaire, ou le commun, pèse 36 à 40 onces : il a environ 23 pouces de longueur depuis le bout du bec jusqu'au bout de la queue ; les deux extrêmités des aîles déployées, distantes de 35 pouces ; le bec d'un verd jaunâtre, long de deux pouces & demi, large de près d'un pouce, un peu enfoncé, une espèce d'appendice ou d'ongle rond à l'extrêmité de la mâchoire supérieure, comme la plupart des oiseaux de ce genre ; les paupières inférieures blanchâtres, les pattes saffranées, les ongles bruns, l'ongle de derrière presque blanc, l'ongle intérieur des doigts de devant le plus petit, les membranes qui lient les doigts ensemble d'une couleur sale; un vaisseau, dit labyrinthe, à la bifurcation de la trachée, les cuisses revêtues de plumes jusqu'aux genoux. Dans les mâles, la tête & le haut du col sont d'un beau vert, à quoi succède un collier blanc en devant, qui n'achève pas le cercle entier par-derrière. Depuis le collier jusqu'à la poitrine la gorge est de couleur de châtaigne; la poitrine & le ventre sont d'un blanc cendré, semés d'une infinité de points obscurs, comme de mouchetures; le dessus de la queue est noir, il a le dessus du col de couleur cendrée, roussâtre, mouchetée, le milieu qui est entre les aîles, roux, noirâtre inférieurement, plus foncé au croupion, avec un mélange de pourpre éclatant, les côtés au-dessous des aîles & les grandes plumes vers la cuisse, ornées en travers de très-belles lignes brunes, avec du blanc & du bleu entremêlés ; les petites rangées de plumes roussâtres, les plus longues qui naissent des épaules, argentées, joliment bigarrées de petites lignes brunes transversales, en tout vingt-quatre plumes à chaque aile, dont les dix premières sont brunes, les dix suivantes blanches par le bout, puis une plaque à l'extérieur du tuyau, d'un pourpre bleu éclatant, avec un petit espace noir, qui est entre le bleu & le blanc ; le bout de la vingt-unième est blanc, & son bord extérieur d'un pourpre obscur ; le milieu de la vingt-deuxième un peu argenté ; la vingt-troisième toute argentée, excepté les bords qui sont noirâtres de chaque côté ; la vingt-quatrième pareillement argentée, à la réserve de son bord extérieur qui est noirâtre ; les plumes qui recouvrent les précédentes extérieurement de la même couleur qu'elles ; mais celles qui sont couchées sur les pourprées, ont les bouts noirs, puis une marque blanche ; enforte que la tache bleue est terminée par un espace noir d'un côté & blanc de l'autre ; vingt plumes à la queue, qui finissent en pointe, dont les quatre du milieu se réfléchissent circulairement, & sont noirâtres, mêlées d'un pourpre luisant ; mais les huit suivantes de chaque côté sont blanchâtres, principalement les extérieures aux bords extérieurs ; & plus elles sont voisines des plumes réfléchies, plus il y a de brun mêlé : les plumes qui recouvrent le dessous de l'aile & la bâtarde inférieure sont blanches.

La femelle n'a pas la tête verte, ni de collier au col ; mais l'un & l'autre sont variés de blanc, de brun, & de roux noirâtre ; le milieu des plumes du dos est d'un brun noir ; & les bords en font d'un blanc roussâtre.

Le Canard sauvage retient constamment sa couleur naturelle; mais la couleur change souvent dans les Canards privés, dont les uns font souvent mi-partie blancs, & les autres tout blancs ; ils ont cependant assez souvent leurs couleurs semblables à celles du Canard sauvage : les Canards mâles sont toujours plus grands que les femelles. La vraie distinction qu'on devroit faire des Canards, ce seroit en grands & en petits, & même en sauvages & en domestiques ; puisque ces derniers viennent originairement des œufs de Canes sauvages.

Les Canards ont les jambes courtes, grosses & dirigées en arrière; ce qui leur donne de la facilité pour nager, & de la difficulté pour marcher; aussi marchent-ils lentement & avec peine : ils sont fort pesans, & se meuvent avec difficulté.

Suivant les observations de Gesner, leur langue est munie de petites dents des deux côtés; & leurs muscles intérieurs sont plus blancs que les extérieurs. On remarque dans le bec & la tête du Canard trois paires de nerfs, ainsi qu'on en trouve dans tous les oiseaux à bec plat, & qui cherchent leur nourriture en tâtonnant ou en fouillant dans la terre.

Le Canard a la voix plus foible & plus rauque; la Cane l'a plus forte & plus perçante. Aldrovande étonné de voir comme le Canard pousse un cri si grand & si aigu, ou qu'il tient sa tête si long-temps sous l'eau, en a disséqué un pour en connoître la cause, il a trouvé que cela ne pouvoit venir que de la figure de sa trachée-artère, qui est totalement différente de celle des autres oiseaux; car à l'endroit où elle se partage en deux branches pour aller aux poumons, elle a une sorte de vessie dure, cartilagineuse, concave, penchée du côté droit, où elle paroît plus grande.

Les Canards sauvages volent par troupes pendant l'hiver ; mais au printemps, le mâle & la femelle vont ensemble par paires ; & de tous les oiseaux, ils sont les plus gourmands, & les plus insatiables: il n'y a rien qui ne puisse leur servir de nourriture.

On ne trouve leurs nids que dans des bruyères & des joncs, rarement sur les arbres : leur ponte est de douze à dix-huit œufs ; parmi ces œufs, de même que parmi ceux d'Oies, on en voit souvent de monstrueux.

Quand on veut elever des Canards sauvages, on fait couver les œufs de ces Canes sauvages par une Cane domestique, ou par une Poule : rien n'est plus facile à apprivoiser que les Canetons qui en éclosent ; mais il n'est pas si facile

des Oiseaux de Basse-Cour. 357

d'apprivoiser les Hallebrans ou Canetons sauvages; à moins qu'aussitôt qu'ils sont pris, on ne leur brûle le bout des aîles, qui sont long-temps à venir; qu'on ne les mette avec beaucoup de Canetons domestiques; & qu'on ne leur donne une nourriture abondante.

Les Canards muent lorsque les Canes commencent à couver; ces dernières ne muent que quand leurs petits sont devenus grands & propres à voler. Quand les plumes des Canards commencent à tomber, ils sont gras & dodus; mais ils deviennent maigres avant que leurs plumes se renouvellent entièrement.

On trouve dans Varron & Columelle la méthode qu'on peut employer pour construire des habitations capables d'élever des Canards. Suivant les relations des Voyageurs, les Chinois sont fort industrieux en ce point: on en voit des multitudes innombrables sur les rivières, dans des cabannes faites exprès; ils les laissent courir dans des plantations de riz; il est surprenant de voir la façon dont ils y détruisent les mauvaises herbes & les insectes nuisibles.

Il ne sera pas hors de propos de rapporter dans cet Ouvrage économique la méthode usitée chez ces peuples, pour élever les Canards: plusieurs habitans de Canton ne vivent que de leur commerce: les uns achètent les œufs & en font trafic: d'autres les font éclore dans des fourneaux; & il y en a qui s'appliquent uniquement à élever les petits. Les fourneaux pour les couver sont extrêmement simples: on pose une plaque de fer sur un foyer muré; on met sur la plaque une caisse de la grandeur d'un demi-pied, rempli de sable, où on a mis les œufs en rang, on les couvre d'un tamis, au-dessous duquel on

met une natte pour les échauffer.
Ils se servent de la braise d'un certain bois, qui brûle lentement, & entretient une chaleur égale. On ne leur donne d'abord que peu de chaleur; on l'augmente peu à-peu, jusqu'à ce qu'elle devienne assez forte pour faire éclore les œufs. Si quelquefois on augmente trop la chaleur, les jeunes Canards sortent trop tôt, & meurent ordinairement au bout de trois ou quatre jours. On vend les jeunes Canards éclos de cette manière à ceux qui les élèvent : ceux-ci éprouvent de la manière suivante s'ils sont éclos trop tôt ; ils prennent les jeunes Canards par le bec, laissant les corps suspendus ; s'ils s'en défendent, battant des pieds & des ailes, ils sont bien & duement éclos; mais quand ils ont reçu trop de chaleur, ils restent tranquilles pendant qu'on les tient par le bec : quelquefois ces derniers demeu-

rent vivans, jusqu'à ce qu'on laisse aller les jeunes Canards à l'eau ; ce qui arrive ordinairement huit jours environ après qu'ils sont éclos ; ils vacilent pour lors, se jettent sur le dos, & meurent après quelques convulsions. On les tire cependant de l'eau, & on les laisse sécher ; parce qu'ils reviennent quelquefois : mais lorsqu'ils sont mouillés de nouveau, ils meurent fort souvent d'un pareil vertige. Quand l'eau s'est écoulée des champs de riz, on ramasse les petites écrevisses & les crabes : on les fait bouillir, & on les hache ; & au commencement on ne nourrit les jeunes Canards que de cette pâtée : quelques jours après on y mêle du riz bouilli & des herbes hachées. Quand ils sont plus âgés, on les porte dans une grande *sampane*, dont le plancher fait de bois de bambou, s'élève au-dessus du niveau de l'eau ; elle est entourée d'une galerie & d'un pont

qui

qui s'abaisse vers l'eau. On donne aux jeunes Canards une vieille marâtre qui les mène, lorsqu'on les laisse descendre du pont pour aller paître. La vieille Cane est tellement accoutumée au cri qui vient de la sampane, lorsqu'on veut les rassembler le soir, qu'elle y revient moitié en nageant, & moitié en volant. Ceux qui ont soin d'élever les petits Canards changent alors de place avec leur *sampane*, & abordent à un endroit où il y a plus de nourriture pour ces oiseaux domestiques, qu'ils laissent aller journellement au rivage sur les champs à riz. On est surpris de voir ces sampanes entourées d'un millier de Canards grands & petits; & ce qu'il y a de plus singulier, c'est que quand plusieurs *sampanes* laissent paître leurs Canards au même endroit, & qu'on les appelle le soir, chaque Canard sait retrouver la sienne. Les Chinois s'occu-

Q

peut conſtamment de la propagation des Canards, excepté les trois mois de l'hiver : & quoiqu'elle exige beaucoup de ſoin, on ne voit pas que ce ſoin les fatigue beaucoup ; car dès que les jeunes Canards ont atteint l'âge de quinze jours, ils ſont en état de pourvoir eux-mêmes à leur nourriture. Dans la Chine les Canards forment le plat preſque ordinaire des gens qui ſont à leur aiſe : c'eſt par rapport à la grande conſommation qu'on en fait, qu'on s'applique ſi fort dans ces contrées à en propager l'eſpèce.

On prend les Canards avec de la glue ; on en a trois ou quatre livres de la plus vieille, & de la meilleure, ſur chaque livre on met deux poignées de charbon de paille brûlée, & plein une coquille à noix d'huile de noix : on brouille le tout enſemble pendant un quart-d'heure, on en graiſſe une ou pluſieurs cordes, longues de dix ou onze toises chacune ; on les porte où se trouvent pour l'ordinaire les Canards sauvages, & on les tend de cette sorte : on prend un batteau, si on ne veut pas entrer dans l'eau, & on porte la corde entre les joncs, ou autres herbes dans lesqu'elles se retirent les Canards ; on pique deux bâtons, ensorte que les deux bouts en soient à fleur d'eau ; on y attache la corde bien roide, qui sera soutenue sur l'eau par de petits paquets de joncs secs. Quand les Canards seront entre ces herbes, comme ils se promènent sans cesse, ils iront immanquablement se porter près de la corde, qui les arretera ; & quand ils voudront s'élever, ils se briseront les ailes, & se noyeront à force de se battre.

On se sert aussi de collets ou de lacets de crin de Cheval, pour attrapper les Canards, sur-tout lorsqu'ils vont dans les endroits où il n'y a pas plus d'un pied & demi d'eau, tels que des marais & des prairies inondées. On remarque exactement ces endroits, & on y jette du grain deux ou trois fois par jour: c'est le vrai moyen de les y attirer toujours. Vous tendez dans ces endroits sept ou huit douzaines de collets, attachés deux ou trois ensemble. Vous les liez, pour ce faire, aux extrémités de différens piquets, & vous les enfoncez si avant en terre, que le bout & les collets se trouvent un peu cachés dans l'eau. Vous jetterez du grain sous les lacets; il ne manquera pas de s'y en prendre.

Les Canards se prennent pareillement à l'hameçon; il faut avoir autant de ficelles fortes, & longues de quatre ou cinq pieds, qu'il y a d'hameçons. Vous attachez ces hameçons à un bout de la ficelle, & l'autre bout tient à un piquet, qu'on enfonce bien avant en terre au fond de l'eau. On mettra à chaque hameçon, pour amorce, des

Grenouilles, des petits Poissons, des morceaux de chair.

Les Canards, les Cercelles, les Oies sauvages & autres espèces d'oiseaux se tiennent le jour dans des marécages, ou sur les eaux, & habitent les prairies, après les débordemens des rivières. Ils s'éloignent, tant qu'ils peuvent, des haies & des arbres, de deux ou trois cent pas seulement. Ils quittent le milieu, vont barboter le long des bords, où il n'y a guère d'eau; & sitôt qu'ils apperçoivent quelqu'un, ils retournent dans la grande eau. Ils l'abandonnent aussi le soir, & vont passer la nuit dans les campagnes, d'où ils reviennent le matin se jeter dans l'eau. On les approche aisément, avec une machine qu'un homme porte, où il est caché tenant une arquebuse ou fusil, avec lequel il les tire, lorsqu'il est à portée.

Pour faire cette machine, on a

trois cercles de tonneaux, qu'on ajuste avec des cordes, de la manière suivante. On prend une corde longue de deux pieds; on noue les deux bouts ensemble, & on y fait deux autres nœuds, en sorte que les quatre nœuds partagent également la corde en quatre. A chaque nœud, on attache une autre corde de cinq ou six pieds de long, & on passe sa tête dans le milieu: ou bien on a un morceau de bois fiché en terre, qui est d'une hauteur proportionnée à la personne qui doit porter la machine; on met cette corde dessus, & on prend un cercle, qu'on attachera aux quatre quarts, avec les quatre cordes, justement à la hauteur de la ceinture. On prend un second cercle, pour le lier de même aux quatre cordes, à la hauteur du milieu des cuisses. Le troisième sera pareillement attaché aux mêmes cordes, à la hauteur de la cheville du pied. Après quoi, on mettra tout autour de ces cercles, des branches d'arbres bien légères, qui feront liées aux trois cercles, & ajuftées de façon que la perfonne qui eft dedans, ne puiffe être vue par ces oifeaux. Elle fe met dans la machine avec un fufil, & va fur le lieu où font ces oifeaux ; & quand ils pourront appercevoir la perfonne qui eft dans la machine, elle marchera pour lors très-doucement, en s'approchant peu-à-peu ; en forte que les branches de la machine ne remuent point, à moins que le vent ne les y contraigne. Elle approchera, par ce moyen, fi près qu'elle voudra. La meilleure heure de fe fervir de cette machine, auffi-bien que de celle dont nous allons donner la defcription, eft le matin, lorfque ces oifeaux reviennent des champs ; car il fera pour lors facile de les tirer, à mefure qu'ils arriveront,

Q iv

attendu qu'ils ne reviennent pas tous à la fois, mais par troupes; au lieu que pendant le jour, on ne peut guère tirer qu'un coup ou deux, parce que ces oiseaux étant pour lors tous de retour sur les eaux, ils prennent l'épouvante, au premier coup, & s'envolent, après avoir reconnu la ruse du Chasseur.

Si on ne veut pas se servir du moyen que nous venons d'indiquer, on pourra avoir recours au suivant On se revêtira d'un habit de toile, couleur de Vache ou de Cheval, depuis la tête jusqu'aux pieds, avec un bonnet fait à-peu-près comme la tête d'une Vache ou d'un Cheval, ayant des cornes ou des oreilles, des yeux & un trou pour mettre la tête, avec deux pièces pareillement de la même toile, pour attacher autour du cou, & tenir le bonnet. Comme les oiseaux pourroient s'épouvanter ne voyant que deux jambes, il faut

des Oiseaux de Basse-Cour. 369

laisser pendre jusqu'à terre deux morceaux de la même étoffe au bout des manches, & tout proche de la main. Quand on voudra approcher ces oiseaux, il faudra se coucher comme une Vache ou un Cheval qui paît, laissant traîner les bouts des manches en bas; présenter toujours le bout du fusil, en marchant de coté & d'autre, & approcher peu-à-peu, pour les tirer à bas; & s'ils se lèvent, rien n'empêchera de les tirer en volant. La meilleure heure pour cette chasse est le matin.

Voila tout ce qui concerne le Canard sauvage. Voyons actuellement ce qui a rapport au Canard domestique.

Les œufs de la Cane domestique sont plus gros que ceux de la Poule commune. Leur couleur est verdâtre à l'extérieur. Les meilleures Canes pour pondre, sont les plus grosses. Elles pondent ordinairement depuis le mois de Mars jufqu'au dernier jour de Mai. Elles couvent quelquefois fur la fin de Mars ; & pour lors elles ceffent de pondre. Cette couvée eft la meilleure, à caufe des châleurs qui furviennent. Un mâle fuffit pour féconder les œufs de dix ou douze femelles. On s'y prend de la même façon pour faire couver les Canes, que pour les Oies. Ordinairement on donne à couver les œufs de ces oifeaux, aux Poules. Quand on les fait couver par les Poules, il faut avoir foin de rafraîchir deux ou trois fois les œufs, en les afpergeant d'eau, pendant le temps qu'elles les couvent. Il faut vingt-neuf jours pour éclorre les Canetons. On les élève, & on les nourrit de même que les petits Poulets, à l'exception feulement qu'il faut leur donner de l'eau pour s'égayer. La meilleure nourriture pour les Canetons, eft l'orge ou du panis bouilli, du gland & des herbages hachés menu, du marc de raisin, des miettes de pain, des écrevisses, goujons & autres menus poissons.

Il est à observer qu'il est plus avantageux de faire couver les œufs de Cane, ainsi que nous l'avons dit, par les Poules que par les Canes; & la raison, c'est qu'aussitôt que les petits sont éclos, celles-ci les conduisent à l'eau, où il en périt beaucoup, si le temps est froid, tandis qu'au contraire, ils suivent la Poule sur terre, & s'endurcissent ainsi peu-à-peu avant que de s'exposer à l'eau.

On loge ordinairement les Canards dans un endroit à portée de la mare, ou de la fosse de la basse-cour. Ils rendent de grands services dans les jardins, parce qu'ils y détruisent la vermine, les limaces & une infinité d'autres insectes, qui y font ordinairement beaucoup de ravage.

Une Menagère peut tirer un assez grand profit des Canards. Ils ne demandent que très-peu de soin. Ces animaux sont si durs, qu'on peut, pour ainsi dire, les abandonner à eux-mêmes. Les Canetons gagnent l'eau à un âge si peu avancé, qu'ils sont bientôt hors de l'atteinte de leurs ennemis. Le seul temps dans lequel la Cane exige quelque attention, c'est pendant qu'elle couve. Comme elle ne peut pour lors aller chercher sa nourriture, il faut avoir attention d'en mettre devant elle; mais aussi, de quelque espèce qu'elle soit, elle s'en contente. Pendant les autres temps de l'année, le Canard vit fort bien des grains répandus dans la cour, des rebuts de la cuisine, & de ce que le courant de l'eau lui présente. Tout sert à sa nourriture; il n'y a rien de perdu pour lui. Cependant sa chair est délicate. Le Canard est aussi un des animaux de basse-cour le moins mal-faisant. D'ailleurs la Cane pond beaucoup d'œufs, qui sont aussi bons & aussi fins que ceux de la Poule. Elle fait de fortes couvées. Les petits qui en proviennent, sont propres à la vente, soit en Canetons, soit en Canard qui ont acquis leur parfaite croissance. Dans l'un & dans l'autre cas, ils sont aisés à engraisser. On les met, à cet effet, dans un endroit tranquille & obscur, dans une espèce de cage, où on leur donne une quantité suffisante de grain & d'eau. Il ne faut ainsi que quinze ou vingt jours pour les engraisser; & pour lors ils se vendent un prix qui dédommage bien de la dépense & de la peine de l'avoir fait.

La chair de Canard sauvage l'emporte sur celle du Canard domestique. Elle est plus savoureuse, ce qu'on doit attribuer au plus d'exercice que fait le sauvage, &

à la meilleure nourriture qu'il prend. Pour que le sauvage soit délicieux, il faut qu'il soit jeune, tendre & gras.

Les personnes délicates, & toutes celles qui digèrent difficilement doivent s'abstenir de pareils alimens.

On attribue, en Médecine, au foie du Canard la propriété d'arrêter le flux hépatique. Sa graisse passe pour anodine, émolliente & résolutive. On la fait entrer dans plusieurs onguens propres à résoudre & à calmer les douleurs, si l'on en frotte la partie affectée. On prétend encore que le sang du Canard a la vertu de résister au venin de la Vipère & des autres animaux venimeux. La dose est pour lors depuis un gros jusqu'à deux, dans un verre de vin chaud.

Les plumes de Canards sont plus douces que celles d'Oie. On en remplit les lits & les oreillers.

CHAPITRE NEUVIÈME.

DU CIGNE.

LE Cigne est le plus grand de tous les palmipédes. Quand il est avancé en âge, il pèse vingt livres. Il a, depuis le commencement du bec jusqu'au bout de la queue, cinquante-sept pouces de long, & cinquante-sept jusqu'au bout des pieds. Les deux extrémités de ses ailes étendues, sont distantes l'une de l'autre de sept pieds huit pouces. Tout son corps est revêtu d'un plumage mollet & délicat, blanc comme neige, lorsqu'il est vieux, & cendré quand il est jeune. Les tuyaux des grandes plumes de l'aile du Cigne domestique sont plus grands que ceux du Cigne fauvage. Le bec de cet oifeau eft plombé dans la première année de fa vie, avec un ongle rond à la pointe, & une raie noire de chaque côté, depuis les narines jufqu'à la tête. Depuis les yeux jufqu'au bec, on remarque un efpace triangulaire, noir, dont la bafe regarde le bec, & le fommet les yeux. Lorfque le Cigne acquiert un certain âge, fon bec rougit, l'angle du bout reftant toujours noirâtre, tandis qu'à la bafe, il s'élève une tuberofité charnue, un peu grande, noire, remarquable, réfléchie en dedans ou en bas: le milieu de l'efpace au-deffous des yeux refte toujours noir. La bafe du bec du Cigne fauvage eft recouverte par une peau jaune. La langue de cet animal eft hériffée de petites dents ; fes pieds font de couleur plombée, nuds un peu au-deffous des genoux. Le doigt intérieur eft muni extérieurement d'une membrane; ses ongles sont noirâtres; son estomac est fourni de muscles épais & forts; ses intestins sont grands, réfléchis huit fois, & même davantage. Dans le Cigne privé, la trachée artère ne pénètre point le *sternum*; mais dans le sauvage, elle est reçue dans sa cavité, & se trouve réfléchie dans cet endroit en manière de trompe; ce qui contribue sans doute, selon quelques Auteurs, à donner de la force à la voix de cet oiseau. Aldrovande explique différemment l'utilité de la réflection de la trachée artère dans le Cigne sauvage. Il soupçonne que quand cet oiseau tient pendant près d'une demi-heure toute la tête & le cou plongés au fond de l'eau, pour y chercher sa nourriture, ayant les pieds élevés vers le ciel, cette partie de la trachée artère, qui est renfermée dans la cavité du *sternum*, lui sert de réservoir, pour en tirer un air suffisant, propre à respirer.

Avant de finir la description extérieure du Cigne, nous observerons qu'il a le bec fort large, pour qu'il puisse prendre à la fois une plus grande quantité de limon, & y saisir ce qui s'y trouve de vermisseaux, en éparpillant le reste. Le dessus de ce même bec est encore percé. C'est par cette ouverture que l'oiseau rejette l'eau qui peut se trouver mêlée avec les herbes aquatiques, ou les œufs de Poisson qu'il a pris, & qu'il avale pour lors. La Nature a pourvu le Cigne d'un long cou, composé de vingt-huit vertèbres, pour qu'il puisse atteindre, par ce moyen, au fonds de l'eau, ne pouvant pas s'enfoncer, pour y chercher sa nourriture.

Le Cigne passe pour avoir servi de modèle pour la perfection de la fabrique des navires. Les premiers Fabricateurs ont modelé sur le cou & la poitrine de cet oiseau la proüe & la quille; sur son ventre & sa queue, la poupe & le gouvernail; sur ses ailes, les voiles, & sur ses pieds, les rames. Rien n'est plus agréable que de voir une troupe de Cignes au milieu des eaux, lorsqu'après avoir soulevé avec grâce leurs ailes, en forme de voiles, le vent les fait voguer avec rapidité. C'est une espèce de flotte emplumée.

Le Cigne vit fort long-temps. Sa femelle pond cinq à six œufs. Elle les couve pendant près de deux mois. Quand les petits en sont provenus, elle s'y attache éperdument, & les défend avec la plus grande vigueur. Après l'accouplement, le mâle & la femelle se plongent dans l'eau à diverses reprises, & courent l'un après l'autre en se jouant, comme font la plupart des oiseaux aquatiques.

Albert rapporte que le Cigne se plaît plus sur les étangs que sur les rivières, soit parce qu'il s'y trouve plus de fanges & d'herbes, soit parce que les eaux dormantes sont plus favorables pour nager. Gesner dit que quand le Cigne paroît en hiver en Suisse sur quelques lacs, ce qui arrive fort rarement, il est à craindre qu'il ne survienne un grand froid. Le séjour ordinaire des Cignes est la Scanie, sur-tout aux environs de la ville de Malmoë, ou Malmuyen. On en voit encore en été sur toutes les rivières de la Laponie. Autrefois on aimoit beaucoup cet oiseau en France. On en voyoit presque par-tout sur la rivière de Seine, on en élevoit sur-tout en quantité dans l'île des Cignes, appelée actuellement l'*île maquerelle*. Quelques Seigneurs se font encore un plaisir d'en élever dans leurs bassins. Ils leur font construire au milieu de l'eau une espèce de toit, pour qu'ils puissent s'y retirer & y faire leur ponte.

Quand les cignes volent, c'est ordinairement par troupes: ils ont chacun le bec appuyé sur celui qui précède, & si celui qui marche à la tête se trouve fatigué, il prend la queue. En général nous n'avons aucun oiseau aquatique aussi beau que le cigne: il nage avec beaucoup d'aisance ; il a même une grâce infinie, & une prestance magnifique ; il égale en nageant, il surpasse même un homme à la course. Les Cignes sauvages nagent plus promptement que les domestiques, ceux-ci étant plus gros & plus pesans.

Ils se nourrissent d'herbes, d'œufs de poissons & de grains : on prétend qu'ils mangent des grenouilles pour leur servir de préservatif contre une maladie qui les tourmente quelquefois ; l'Aigle & les Serpens sont leurs plus grands ennemis, mais ils font presque toujours vainqueurs de l'Aigle.

Quand les Cignes plongent la moitié de leurs corps dans l'eau, c'est, dit-on, un présage de beau temps, & ils annoncent la pluie, lorsqu'ils font sauter l'eau autour d'eux en forme de petite rosée. Tout ce que les anciens ont dit sur le Cigne mourrant est très-fabuleux; il est conséquemment inutile d'en faire mention dans ce Chapitre.

M. le Page, en parlant des Cignes de la Louisiane, dit que ces oiseaux sont plus gros que les nôtres, qu'ils s'élèvent fort haut, ensorte qu'on ne les reconnoît qu'à leurs cris aigus : on dit encore qu'il y a dans l'Amérique une espèce de Cigne, dont le pied droit est comme les serres des oiseaux de proie, & le pied gauche comme celui des autres cignes. Il se sert du premier pour se saisir de sa proie en plongeant, & il employe l'autre pour nager.

Le Cigne a la chair coriace & de difficile digestion, capable de produire, au lieu d'un bon suc, beaucoup d'humeurs grossières & excrémentitielles, aussi cette chair n'est pas fort recherchée. Si quelquefois on la sert sur la table des Grands, c'est moins par le bon goût qu'on y trouve, que par ostentation, parce que cet oiseau est rare & précieux ; il n'est cependant pas moins vrai de dire que les jeunes Cignes, tendres & délicats sont un manger qui n'est pas indifférent. Arnauld de Villeneuve dit avoir l'expérience qu'on devient sujet aux hémorrhoïdes, lorsqu'on mange souvent du Cigne. La chair des Cignes de la Louisiane est fort bonne à manger suivant M. le Page.

Cet oiseau a quelques propriétés pour la Médecine ; un jeune Cigne cuit dans de l'huile d'olive, jusqu'à ce que la chair quitte les os, & coulé ensuite avec une forte expression, fournit un remède très-vanté contre les rhumatismes & les autres affections des nerfs qui proviennent de causes froides. Quand on veut rendre le remède plus efficace, on ajoute lors de la cuisson, quelques plantes nervines. La graisse de Cigne employée en liniment, adoucit la peau, dissipe les taches du visage, calme & résout les hémorrhoïdes : on s'en sert dans la Louisiane contre les humeurs froides. La peau du Cigne est très-usitée contre les rhumatismes, pour fortifier les nerfs, pour rappeler & entretenir la chaleur naturelle de l'estomac, pour chasser les vents & aider à la digestion. On en fait à cet effet des pièces, qu'on applique sur la région de l'estomac, sur la poitrine, & sur les parties affectées de douleurs rhumatisantes, tiffantes, par les douces transpirations que cette peau procure : elle ouvre les pores des parties : elle résout les humeurs qui s'y arrêtent, & en rétablit les fonctions.

On fabrique avec la peau du Cigne des palatines & des houppes à poudrer ; les plumes de ses ailes servent à écrire, & durent fort long-temps ; son duvet est en usage pour les lits ; on s'en sert sur-tout pour remplir des coussins & des oreillers. Les habitans de la Louisiane employent les plumes des Cignes de leur pays pour les diadêmes de leurs Souverains ; ils en font aussi des chapeaux, & tressent les petites plumes pour servir aux femmes de qualité ; les jeunes gens de l'un & de l'autre sexe font des palatines avec la peau de ces Cignes, garnie de son duvet.

CHAPITRE DIXIEME.

Des Pigeons.

Monsieur de Buffon, en parlant des Pigeons, fait des réflexions très-judicieuses sur leur domesticité ; il étoit aisé, dit-il, de rendre domestiques des oiseaux pesans, mais ceux qui sont légers, & dont le vol est rapide demandoient plus d'art pour être subjugués. Une chaumière basse, dans un terrein clos, suffit pour contenir, élever & faire multiplier les volailles ; il faut des tours, des bâtimens élevés, faits exprès, bien enduits en dehors, & grands en dedans, de nombreuses cellules pour attirer, retenir & loger les Pigeons : ils ne sont réellement, ni domestiques, comme les Chiens & les Chevaux, ni prisonniers comme les Poules ; ce sont plutôt des captifs volontaires, des hôtes fugitifs, qui ne se tiennent dans le logement qu'on leur offre qu'autant qu'ils s'y plaisent, autant qu'ils y trouvent la nourriture abondante, le gîte agréable, & toutes les commodités, les aisances nécessaires à la vie. Pour peu que quelque chose leur manque ou leur déplaise, ils quittent & se disposent pour aller ailleurs : il y en a même qui préfèrent constamment les trous poudreux des vieilles murailles aux boulins les plus propres de nos colombiers ; d'autres qui se gîtent dans des fentes & des creux d'arbres ; d'autres qui semblent fuir nos habitations, & que rien ne peut y attirer : tandis qu'on en voit au contraire qui n'osent les quitter, & qu'il faut nourrir autour de leur volière, qu'ils n'abandonnent jamais. Les habitudes opposées, les différences de mœurs sembleroient indiquer qu'on comprend

R ij

sous le nom de Pigeon, un grand nombre d'espèces différentes, dont chacune auroit son naturel propre, & différent l'un de l'autre; & en effet les Ornitologistes en admettent cinq espèces différentes, sans y comprendre les variétés; & ils font en outre avec les Ramiers & les Tourterelles des genres différens. Les cinq espèces de Pigeons sont suivant eux : 1°. le Pigeon domestique : 2°. le Pigeon Romain, dont il y a seize variétés : 3°. le Pigeon Biset; 4°. le Pigeon de Roche, dont il y a aussi une variété : 5°. Le Pigeon sauvage; mais les cinq espèces, selon M. de Buffon, n'en font qu'une; & voici la preuve qu'en donne ce savant Naturaliste.

Le Pigeon domestique & le Pigeon Romain avec toutes ses variétés, quoique différens par la grandeur & par les couleurs, sont certainement de la même espèce, puisqu'ils produisent ensemble des individus féconds, & qui se reproduisent ; on ne doit donc pas regarder les Pigeons de volière & les Pigeons de colombiers, c'est-à-dire, les grands & petits Pigeons domestiques, comme deux espèces différentes : il faut se borner à dire que ce sont deux races dans une seule espèce, dont l'une est plus domestique & plus perfectionnée que l'autre ; de même que le Pigeon Biset, le Pigeon de Roche, & le Pigeon sauvage, sont trois espèces nominales, qu'on doit réduire à une seule, qui est celle du Biset, dans laquelle le Pigeon de Roche & le Pigeon sauvage ne font que des variétés très-légères, & la raison en est bien évidente, c'est que ces trois oiseaux sont à-peu-près de la même grandeur ; que tous trois sont de passage ; qu'ils se perchent, ont en tout les mêmes habitudes naturelles, & ne different entre eux que par quelques teintes de couleur. Voici donc, dit M. de Buffon, nos cinq espèces déja réduites à deux, qui sont le Bifet, & le Pigeon proprement dit; ils ne different cependant l'un de l'autre qu'en ce que le premier est sauvage, & le second domestique. Le Bifet est comme la souche première, de laquelle tous les autres Pigeons tirent leur origine, & duquel ils different plus ou moins, selon qu'ils ont été plus ou moins maniés par les hommes; & quoique M. de Buffon n'ait pas été à portée, à ce qu'il dit, d'en faire l'épreuve, il est néanmoins persuadé que le Bifet & le Pigeon de nos colombiers produiroient ensemble, s'il étoient unis; car il y a moins loin de notre Pigeon domestique au Bifet, qu'aux gros Pigeons poltés ou Romains, avec lesquels néanmoins il s'unit & produit; d'ailleurs on voit dans cette espèce toutes les nuances du sauvage ou domestique se présenter suffisamment, & comme par ordre de généalogie, ou plutôt de génération. Le Biset nous est représenté d'une manière à ne pouvoir s'y méprendre par ceux de nos Pigeons fuyards qui désertent nos colombiers, & prennent l'habitude de se percher sur les arbres, c'est la première & la plus forte nuance de leur retour à l'état de nature : ces Pigeons, quoique élevés dans l'état de domesticité, quoiqu'en apparence accoutumés comme les autres à un domicile fixe, à des habitudes communes, quittent le domicile, rompent toute société, & vont s'établir dans les bois : ils retournent donc à leur état de nature, poussés par leur seul instinct; d'autres, apparemment moins courageux, moins hardis, quoique également amoureux de leur liberté, fuyent de nos colombiers pour aller habiter solitairement quelques trous de murailles, ou bien se réfugient en petit nombre dans une tour peu fréquentée ; & malgré les dangers, la disette, & la solitude de ces lieux, où ils manquent de tout, où ils sont exposés à la belette, aux rats, à la fouine, à la chouette, & où ils sont forcés de subvenir en tout temps à leurs besoins par leur seule industrie, ils restent néanmoins constamment dans ces habitations incommodes, & les préferent pour toujours à leur premier domicile, où cependant ils sont nés, où ils ont été élevés, où tous les exemples de la société auroient dû les retenir : voilà, selon M. de Buffon, la seconde nuance. Les Pigeons de murailles ne retournent pas en entier à l'état de nature, ils ne se perchent pas comme les premiers, & sont néanmoins beaucoup plus près de l'état libre que de la condition domestique.

La troisième nuance est celle de nos Pigeons de Colombier, dont tout le monde connoît les mœurs, & qui, lorsque leur demeure convient, ne l'abandonnent pas, ou ne la quittent que pour en prendre une qui convienne encore mieux; & ils n'en sortent que pour aller s'égayer ou se pourvoir dans les champs voisins ; or comme c'est parmi ces pigeons que se trouvent les fuyards & les déserteurs, dont on vient de parler, cela prouve que tous n'ont pas encore perdu leur instinct d'origine, & que l'habitude de la libre domesticité, dans laquelle ils vivent, n'a pas entièrement effacé les traits de leur première nature ; à laquelle ils pourroient encore remonter. Mais il n'en est pas de même de la quatrième & dernière nuance dans l'ordre de la dégénération; ce sont les gros & petits pigeons de volière, dont les races, les variétés, les mélanges font presque innombrables, parce que depuis un temps immémorial ils sont absolument domestiques ; & l'homme en perfectionnant les formes extérieures, a en même-temps altéré leurs qualités intérieures, & détruit jusqu'au germe du sentiment de la liberté ; ces oiseaux, la plupart plus grands, plus beaux que les Pigeons communs, ont encore l'avantage, pour nous, d'être plus féconds, plus gras, de meilleur goût; & c'est par toutes ces raisons qu'on les a soignés de plus près, & qu'on a cherché à les multiplier malgré toutes les peines qu'il faut se donner pour leur éducation & pour le succès de leur nombreux produit & de leur pleine fécondité : dans ceux-ci aucun ne remonte à l'état de nature, aucun même ne s'élève à celui de liberté. Ils ne quittent jamais les alentours de leur volière, il faut les y nourrir en tout temps. La faim la plus pressante ne les détermine pas à aller chercher ailleurs; ils se laissent mourir d'inanition, plutôt que de quêter leur subsistance, accoutumés à la recevoir de la main de l'homme, ou à la trouver toute préparée, toujours dans le même lieu; ils ne savent vivre que pour manger, & n'ont aucune des ressources, aucun des petites talens, que le besoin inspire à tous les animaux. On peut donc regarder cette dernière classe, dans l'ordre des Pigeons, comme absolument domestique, captive sans retour, entièrement dépendante de l'homme. Supposant donc une fois nos colombiers établis & peuplés, ce qui en est le premier point & le plus difficile à remplir pour obtenir quelque empire sur une espèce aussi fugitive, aussi volage, on se fera bientôt apperçu que dans le grand nombre de jeunes Pigeons, que ces établissemens nous produisent à chaque saison, il s'en trouve quelques-uns qui varient pour la grandeur, la forme & les couleurs; on aura donc choisi les plus gros, les plus singuliers, les plus beaux, on les aura séparés de la troupe commune pour les élever à part avec des soins plus assidus, & dans une captivité plus étroite : les descendans de ces esclaves choisis, auront encore présenté de nouvelles variétés, qu'on aura distinguées, séparées des autres, unissant constamment, & mettant ensemble ceux qui ont paru les plus beaux & les plus utiles.

Le Biset ou Pigeon sauvage est donc, selon M. de Buffon, la tige première de tous les autres Pigeons : il est communément de la même grandeur & de la même forme, mais d'une couleur plus bise que le Pigeon domestique, & c'est de cette couleur que lui vient son nom ; cependant il varie quelquefois pour les couleurs & la grosseur.

Cet oiseau ne se trouve pas dans les pays froids ; & ne reste que pendant l'été dans nos pays tempérés. On en voit arriver par troupes eu Bourgogne, en Champagne, & dans les autres Provinces septentrionales de la France vers la fin de Février & au commencement de Mars. Ils s'établissent dans les bois ; y nichent dans des creux d'arbres, pondent deux ou trois œufs au printemps, & vraisemblablement font une seconde ponte en été ; à chaque ponte, il n'élèvent que deux petits, & s'en retournent dans le mois de Novembre ; ils prennent leur route du côté du Midi, & se rendent probablement en Afrique par l'Espagne pour y passer l'hiver. Le Biset ou Pigeon sauvage, & le Pigeon déserteur, connu sous le nom d'Œnos, & qui retourne à l'état fauvage, fe perchent, & par cette habitude fe diftinguent du Pigeon de murailles, qui déferte aufli nos colombiers; mais qui femble craindre de retourner dans les bois, & ne fe perche jamais fur les arbres.

Après les trois Pigeons, dont les deux derniers font plus ou moins près de l'état de nature, vient le Pigeon de nos colombiers, qui n'eft qu'à demi-domeftique, & retient encore, de fon premier inftinct, l'habitude de voler en troupes, s'il a perdu le courage intérieur, d'où dépend le fentiment de l'indépendance, il a acquis d'autres qualités, qui, quoique moins nobles, paroiffent plus agréables par leurs effets: ils produifent fouvent trois fois l'année; & les Pigeons de volière produifent jufqu'à dix ou douze fois; au lieu que le Bifet ne produit qu'une ou deux fois tout au plus.

des Oiseaux de Basse-Cour.

Après le Pigeon de nos colombiers, qui n'est qu'à demi-domestique, se présentent les Pigeons de volière, qui le sont entièrement. Les races privées de ces Pigeons, ou pour mieux dire, les variétés principales sont : 1°. les Pigeons appelés *grosses-gorges*, parce qu'ils ont la faculté d'enfler prodigieusement leur jabot, en aspirant & retenant l'air : 2°. les Pigeons mondains, qui sont les plus recommandables par leur fécondité, ainsi que les Pigeons Romains, les Patus & les Nonains : 3°. les Pigeons Paons, qui élèvent & étalent leur large queue, comme le Dindon, & le Paon : 4°. le Pigeon cravatte u à gorge brisée : 5°. les Pigeons oquille Hollandois : 6°. le Pigeon hirondelle : 7°. le Pigeon Cornu : 8°. le Pigeon heurté : 9°. le Pigeon Suisse : 10. le Pigeon Culbutant : 11°. le Pigeon tournant.

La race des Pigeons grosse-gorge

est composée des variétés suivantes : 1°. le Pigeon grosse-gorge, soupe en vin, dont les mâles sont très-beaux, parce qu'ils sont panachés, & dont les femelles ne panachent point : 2°. le Pigeon grosse-gorge chamois, panaché ; la femelle ne panache point : 3°. le Pigeon grosse-gorge, blanc comme un cygne : 4°. le Pigeon grosse-gorge, blanc, patté, & à longues aîles, qui se croisent sur la queue, dans lequel la boule de la gorge paroît fort détachée : 5°. le Pigeon grosse-gorge, gris, panaché, & le gris doux, dont la couleur est douce & uniforme par tout le corps : 6°. le Pigeon grosse-gorge, gris de fer, gris barré & à rubans : 7°. le Pigeon grosse-gorge, piqué, comme argenté : 8°. le Pigeon grosse-gorge, jacinthe, d'une couleur bleue, ouvragé en blanc : 9°. le Pigeon grosse-gorge, couleur de feu, il y a sur toutes les plumes une barre bleue & une barre rouge, & la plume est terminée par une barre noire : 10°. le Pigeon grosse-gorge, couleur de bois de noyer : 11°. le Pigeon grosse-gorge maurin, d'un beau noir velouté, avec les dix plumes de l'aile, blanches, comme dans la grosse-gorge marron ; ils ont tous deux la bavette ou le mouchoir bleu sous le cou, & dans les dernières races à vol blanc & à grosse-gorge, la femelle est semblable au mâle : 12°. le Pigeon grosse-gorge ardoise, avec le vol & la cravatte blanche, la femelle est semblable au mâle. Telles sont les variétés des Pigeons à grosse-gorge : tous ces Pigeons ont la faculté d'enfler si supérieurement leur jabot, qu'il faut qu'il y ait une conformation particulière dans cet organe : ce jabot presque aussi gros que tout le reste du corps, & que ces oiseaux tiennent continuellement enflé, les oblige à retirer leur tête, & les empêche de voir devant eux, auſſi pendant qu'ils ſe rengorgent, l'oiſeau de proie les ſaiſit, ſans qu'ils l'apperçoivent ; on les élève donc plutôt par curioſité que pour l'utilité.

Une autre race de Pigeons eſt celle des mondains ; c'eſt la plus commune, & en même-temps la plus eſtimée, à cauſe de ſa fécondité. Le Mondain eſt à-peu-près d'une moitié plus fort que le Biſet ; la femelle reſſemble aſſez au mâle : ils produiſent preſque tous les mois de l'année, pourvu qu'ils ſoient en nombre pair dans la volière ; & il leur faut au moins à chacun trois ou quatre paniers, ou plutôt des trous un peu profonds, formés comme des caſes, avec des planches, afin qu'ils ne ſe voyent pas, lorſqu'ils couvent. Les Pigeons Mondains ſont en état de produire à l'âge de huit ou neuf mois ; mais ils ne ſont en pleine ponte qu'à la troiſième année. Cette pleine ponte dure juſqu'à ſix ou ſept ans ; après quoi le nombre des pontes diminue, quoiqu'il y en ait, qui pondent encore à l'âge de dix ou douze ans : la ponte des deux œufs se fait quelquefois en vingt-huit heures, & dans l'hiver en deux jours ; ensorte qu'il y a un intervalle de temps différent, suivant la saison, entre la ponte de chaque œuf : la femelle tient chaud son premier œuf, sans néanmoins le couver assiduement ; elle ne commence à couver constamment qu'après la ponte du second œuf : l'incubation dure ordinairement dix-huit jours ; quelquefois dix-sept, sur-tout en été, & jusqu'à dix-neuf & vingt jours en hiver. L'attachement de la femelle à ses œufs est si grand, si constant, qu'on en a vu souffrir les incommodités les plus grandes, & les douleurs les plus vives, plutôt que de les quitter : le mâle, pendant que la femelle couve, se tient sur le panier le plus voisin, & au moment que pressée par le besoin de manger, elle quite ses œufs pour aller à la trémie ; le mâle qu'elle a appelé auparavant par un petit roucoulement, prend la place, couve ses œufs ; & cette incubation du mâle dure deux ou trois heures chaque fois, & se renouvelle ordinairement deux fois en vingt-quatre heures. Les variétés de la race des Pigeons mondains peuvent se réduire à trois pour la grandeur, & ont tous pour caractère commun un filet rouge autour des yeux.

1°. Les premiers mondains sont des oiseaux lourds, & à-peu-près gros comme de petites poules : on ne les recherche qu'à cause de leur grandeur ; car ils ne sont pas bons pour la multiplication.

2°. Les bagadais : ce sont de gros mondains, avec un tubercule au-dessus du bec, en forme d'une petite morille, & un ruban rouge, beaucoup plus large autour des yeux : ces Pigeons ne produisent que difficilement & en petit nombre ; ils ont le bec courbé, crochu ; & présentent plusieurs variétés, il s'en trouve de différentes couleurs.

3°. Le Pigeon Espagnol : c'est un Pigeon mondain, aussi gros qu'une Poule ; il est très-beau : ce qui le distingue du précédent, c'est qu'il n'a point de morille au-dessus du bec ; que la seconde paupière charnue est moins saillante ; & que son bec est droit, au lieu d'être courbe.

4°. Le Pigeon Turc : cette race a une grosse excroissance au-dessus du bec, avec un ruban rouge qui s'étend depuis le bec autour des yeux : ce pigeon Turc est très-gros, hupé, bas des cuisses, large de corps & de vol ; il y en a de Minimes, ou de bruns presque noirs.

5°. Les Pigeons Romains, qui ne sont pas tout-à-fait si grands que les Turcs, mais qui ont le vol aussi étendu : ils n'ont point de huppe ; il y en a de noirs, de minimes & de tachetés.

Nous venons de parler des Pigeons Domestiques les plus gros ; il s'en trouve d'autres de moyenne grandeur & d'autres plus petits ; parmi les Pigeons Pattus, c'est-à-dire, parmi ceux qui ont les pieds couverts de plumes jusques sur les ongles, il y a des pattus sans huppe, & des pattus huppés. Ces derniers se nomment Pigeons de tous mois ; en effet ils produisent tous les mois ; & ils n'attendent pas que leurs petits soient en état de manger seuls pour couver de nouveau. Parmi les Pigeons de race moyenne & petite, on distingue les Pigeons Nonains ; savoir, les soupes-en-vin, les rouges panachés & les chamois panachés ; il y a aussi dans la race des Pigeons Nonains une variété qu'on appelle Pigeons Mondains : ces Pigeons font fort noirs, avec la tête blanche & le bout des ailes aussi blanc : c'est à cette variété qu'il faut rapporter les Pigeons Coëffés : ils ont comme un demi-capuchon sur la tête, qui descend le long du cou, & s'étend sur la poitrine en forme de cravatte, composée de plumes redressées ; cette variété est voisine de la race du Pigeon Grosse-Gorge & ne produit pas beaucoup.

Le Pigeon Paon est un peu plus gros que le Pigeon Nonain ; il redresse sa queue & l'étale comme un Paon : les plus beaux de cette race ont jusqu'à trente-deux plumes à la queue ; tandis que les Pigeons d'autres races n'en ont que douze. Lorsqu'ils redressent leur queue, ils la poussent en avant ; & comme ils retirent en même temps la tête en arrière, elle tombe à la queue : la femelle releve & étale sa queue comme le mâle ; & l'a tout aussi belle; il y en a de tout blancs, d'autres blancs, avec la tête & la queue noires.

 Les Pigeons Polonais font plus gros que les Pigeons Paons : ils ont pour caractère d'avoir le bec très-gros & très-court, les yeux bordés d'un large cercle rouge, les jambes très-basses : il y en a de plusieurs couleurs. Le Pigeon Cravatte est un des plus petits Pigeons : il n'est pas plus gros qu'une Tourtourelle ; & en les appariant, ils produisent des Mulets ou Metis : on distingue le Pigeon Cravatte du Pigeon Nonain, en ce que le Pigeon Cravatte n'a point de demi-capuchon sur la tête & sur le cou, & qu'il n'a précisément qu'un bouquet de plumes qui semblent se rebrousser sur la poitrine & sous la gorge ; ce sont de très-jolis Pigeons, bien faits, qui ont l'air très-propre, & dont il y a de soupe-en-vin, de chamois, de panachés, &c.

Les

Les Pigeons qu'on appelle Coquille-Hollandois, parce qu'ils ont derrière la tête des plumes à rebours, qui forment comme une espece de coquille, sont aussi de petite taille: ils ont la tête noire, le bout de la queue & des ailes noir, tout le reste du corps blanc.

Le Pigeon Carme, qui fait une autre race, est peut-être le plus bas & le plus petit de nos pigeons; il paroît accroupi: il est aussi très-pattu, ayant les pieds fort courts & les plumes des jambes très-longues. On en distingue huit variétés; les gris-de-fer, les chamois, les soupe-en-vin & les gris doux.

Le Pigeon heurté, c'est-à-dire, marqué comme d'un coup de pinceau, noir & bleu, jaune & rouge au dessous du bec seulement, & jusqu'au milieu de la tête, avec la queue de la même couleur & tout le reste du corps blanc, est un Pigeon fort recherché des curieux: il

S

n'eſt point pattu & eſt de la groſſeur des Pigeons Mondains ordinaires.

Les Pigeons Suiſſes ſont plus petits que les Pigeons ordinaires, à peu près de la groſſeur des Biſets, ils ſont même auſſi légers du vol : il y en a de pluſieurs ſortes ; des panachés de rouge, de bleu, de jaune, ſur un fond blanc ſatiné, avec un collier qui vient former un plaſtron ſur la poitrine, & qui eſt d'un rouge rembruni ; ils ont ſouvent deux rubans ſur les ailes de la même couleur que celle du paturon.

Le Pigeon Culbutant eſt encore un des plus petits Pigeons : il eſt d'un roux bruni, mais il y en a de gris & variés, de roux & gris : il tourne ſur lui-même en volant, comme un corps qu'on jetteroit en l'air, & c'eſt pour cette raiſon qu'on lui donne ſon nom ; il ſemble que tous ſes mouvemens

des Oiseaux de Basse-Cour. 411
supposent des vertiges, qui peuvent être attribués à sa captivité : il vole très-vîte, s'élève le plus haut de tous & ses mouvemens sont fort précipités & irréguliers : au reste sa forme est assez semblable à celle du Bifet : on s'en sert ordinairement pour attirer les Pigeons des autres colombiers, parce qu'il vole plus haut, plus loin & plus long-tems que les autres, & qu'il échappe plus aisément à l'oiseau de proie.

Celui qu'on nomme *Pigeon Tournant* ou *Batteur*, tourne en rond lorsqu'il vole, & bat si fortement les ailes, qu'il fait même autant de bruit qu'une claquette : il se rompt souvent quelques plumes de l'aile par la violence de ce mouvement qui semble tenir de la convulsion ; les Pigeons Tournans ou Batteurs, sont communément gris avec des taches noires sur les ailes. Nous pourrions encore faire

S ij

mention de quelques autres Pigeons, mais comme on n'en voit pas communément, il est inutile d'en parler ici.

Après avoir décrit les différentes espèces de Pigeons, il convient de donner la méthode d'en garnir les Colombiers : on les garnit en deux saisons différentes, au mois de Mai, parce que les Pigeons qui naissent depuis ce tems se fortifiant beaucoup avant l'hiver, sont bien-tôt en état d'apporter du profit : & au mois d'Août, parce qu'il y a pour lors une quantité de Pigeonneaux bien nourris, à cause du grain que les pères & mères leur apportent en abondance des moissons qui ont été faites ; on a soin de bien garnir les Colombiers à proportion de la grandeur : si on n'y mettoit que peu de Pigeons, on seroit trop long-tems sans manger de Pigeonneaux ; car on n'en doit tirer aucun du Colombier, qu'il ne soit entièrement garni.

Certains Économes ne garnissent leurs Colombiers que quand les Pigeons ont commencé à faire des petits, ils prétendent que par là ils demeurent attachés au nouveau Colombier ; d'autres disent qu'il faut les choisir à six mois & ils préferent ceux qui naissent aux mois de Mars & de Juillet, & il y en a qui sont d'avis de les prendre plus jeunes : de plus grands Connoisseurs pensent qu'il faut les enlever de dessous père & mère, lorsque le duvet est venu, c'est-à-dire, un peu avant que les grandes plumes des ailes aient poussé, parce que si on les y mettoit plutôt, ils seroient en danger d'y mourir de faim ; au moins pour la plûpart, à cause que tous autres que leurs père & mère ne savent pas si bien l'art de leur donner la nourriture : & si l'on attendoit que leurs plumes fussent tout-à-fait fortifiées, au lieu de s'habituer au nouveau Colombier, ils prendroient incontinent l'essor pour retourner à leur première demeure; après qu'on les y aura mis, il faudra les tenir renfermés pendant quinze jours ou trois semaines, & on aura soin de ne pas ouvrir la fenêtre du Colombier, qui se ferme & ouvre par le moyen d'une coulisse, ainsi que nous le dirons ci-après en donnant la description du Colombier.

Comme les jeunes Pigeons qu'on prend sous l'aile de la mère ne mangent pas encore seuls, on les abecquera pendant quelque temps, & comme naturellement ces petits animaux ne baillent point d'eux-mêmes, lorsqu'on leur présente de la nourriture, on aura la patience de leur ouvrir le bec, & d'y mettre la nourriture, ou avec les doigts, ou avec un cornet, ou avec la bouche : & pour les habituer plutôt à manger eux-mêmes, on mêlera parmi eux des petits poulets : ceux-ci mangeant naturellement seuls les exciteront, en becquetant, à le faire aussi ; il faudra en outre avoir la précaution de les faire boire : on mettra pour cet effet leur bec dans l'eau, afin qu'ils boivent à discrétion.

Les alimens qui conviennent le mieux aux jeunes Pigeons ainsi renfermés dans les colombiers, sont du millet, du chenevis, quelquefois un peu de froment ; le cumin est aussi très-bon pour les attacher au colombier. Quand les jeunes Pigeons mangeront d'eux-mêmes, on pourra leur donner la liberté en ouvrant le colombier, pour qu'ils aillent chercher plus loin leur nourriture ; on prendra garde de ne pas leur donner d'abord une entière liberté, de peur que les premiers jours ils ne s'écartent trop, & qu'ils soient même en danger de ne plus revenir : aussi plusieurs personnes ne leur donnent la liberté de sortir pour la première fois, que dans un jour nébuleux : les Pigeons craignant de leur naturel d'être mouillés, ne s'éloignent jamais pour lors du colombier. Quelques-uns prétendent qu'il faut attendre qu'ils aient des œufs & qu'ils couvent ; d'autres enfin leur arrachent les grandes plumes de l'aile : ces oiseaux ne pouvant alors voler que foiblement, ne s'éloignent pas du colombier, & s'y habituent pour ne le plus quitter.

On entend ordinairement par Colombier un Pavillon rond, ou quarré, dans lequel on met des Pigeons ; la forme ronde est celle qu'on doit préférer, parce qu'au moyen d'une échelle tournante sur un pivot, on peut visiter tous les nids sans s'y appuyer. On place le Colombier au milieu de la Basse-cour, si elle est spacieuse, ou même hors de la maison, parce que les Pigeons qui sont d'un naturel fort timide, prennent souvent l'épouvante au moindre bruit : on les éloigne donc pour cette raison du bruit des maisons, de même que de celui que pourroient faire les arbres agités par le vent, ou des cascades d'eau.

On proportionnera la profondeur, l'épaisseur & la hauteur des fondemens & des murs à l'étendue du Colombier : ces proportions consistent ordinairement à donner aux fondemens la sixième partie de sa hauteur & le double de l'epaisseur du mur : on donne à chaque mur un quart de plus de hauteur que le Colombier n'est large, & il a pour l'ordinaire trois ou quatre toises de diamètre dans l'œuvre.

Pour empêcher les rats de monter par-dehors dans le Colombier, on attache des plaques de fer-blanc à une certaine hauteur, & dans les endroits où l'on prévoit que les rats doivent passer, comme aux angles extérieurs des Colombiers quarrés : les plaques doivent avoir environ un pied de hauteur & être avancées sur les côtés environ d'un demi-pied. Quand les rats sont parvenus à ces plaques, sur lesquelles ils ne peuvent s'accrocher, ils tombent sur des pointes de fer que l'on a coutume de ficher en bas & dans l'endroit où l'on prévoit qu'ils pourront tomber.

Il faut que l'air circule librement dans l'intérieur du Colombier : on le perce ordinairement au midi, parce que les Pigeons aiment à sentir le Soleil à plomb, sur-tout en hiver. Quand on est obligé, pour donner une libre issue à l'air, de pratiquer une fenêtre qui soit exposée au vent de bise, il faudra toujours la tenir fermée pendant les grandes froidures, & ne l'ouvrir qu'en Eté pour rafraîchir le Colombier : chaque fenêtre aura une coulisse, pour pouvoir l'ouvrir & fermer d'en bas, soir & matin, par le moyen d'une corde & d'une poulie.

On aura attention qu'il n'y ait point de trous, ni en dehors, ni en dedans du Colombier ; que le plancher & le plafond soient bien joints, pour en écarter les rats & autres animaux : que l'aire du Colombier soit bien battue & bien cimentée, car rien ne mine plus que la fiente des Pigeons. Comme ces animaux aiment la couleur blanche, on fera blanchir le Colombier en dehors & en dedans : on aura en outre attention de faire construire de pierres-de-taille, ou de plâtre, deux ceintures en dehors du Colombier, dont l'une règnera au milieu, & l'autre au-dessous de la fenêtre, qui sert aux Pigeons, d'entrée & de sortie. Ces deux ceintures sont mises exprès pour y faire reposer ces oiseaux, lorsqu'ils reviennent de la campagne, & principalement encore, pour empêcher les rats & belettes d'y monter.

On placera toujours la porte du Colombier en vue du logis du Maître, quand bien même le Colombier se trouveroit être placé au-dehors de sa cour, & quand on seroit même encore obligé de la pratiquer du côté du septentrion, dont les vents incommodent très-fort les Pigeons : on voit par ce moyen ceux qui entrent, ou qui sortent du Colombier ; les voleurs de jeunes Pigeons sont tenus ainsi en respect. Pour empêcher l'inconvénient qui peut provenir du vent du nord, on met une contre-porte, elle garantira le Colombier contre le plus grand froid.

On garnit le dedans du Colombier de nids, ou boulins : pour le faire, on les pratique même quelquefois, en bâtissant le Colombier dans la muraille avec des briques plates : ensorte qu'ils soient longs, quarrés & obscurs dans le fond, ce que les Pigeons aiment beaucoup ; les nids ont néanmoins souvent quelques fentes, par où les rats s'introduisent, ce qui n'est pas un petit défaut ; il y en a qui emploient pour les nids de leurs Pigeons des pots de terre : ils sont d'une seule pièce, les rats ne peuvent par conséquent entrer que par la bouche : mais pour peu que les murs travaillent, les pots se cassent ; d'ailleurs on en brise beaucoup en nettoyant le Colombier.

D'autres font usage de tuiles rondes ; posées l'une sur l'autre en forme de tuyau à recevoir l'eau, & ils les espacent à un demi-pied sur des briques accomodées par le haut ainsi que par le bas, à la rondeur des tuiles ; ce qui sert encore de séparation pour les nids : cela ne vaut pas néanmoins les deux façons précédentes. Dans quelques Provinces, où le moilon est bon, on en forme les boulins ; on voit encore des boulins totalement de plâtre, dont la forme oblongue fait une enceinte assez longue, & dont l'entrée est étroite : il y a aussi des paniers d'une forme particulière ; les Pigeons s'y plaisent très-bien, & y pondent même mieux que dans des nids plus matériels. Ces paniers ont l'inconvénient de se remplir de vermine si on n'a pas soin de les nettoyer fréquemment.

De quelque façon qu'on pratique les nids, on aura soin qu'ils soient plutôt trop grands que trop petits ; en sorte que le mâle & la femelle puissent s'y tenir debout, autrement ils pourroient s'en rebuter & n'y jamais entrer : on observera encore que le premier rang des nids, ou des boulins, soit au moins à quatre pieds au dessus de la terre, & on ne doit pas en élever plus haut de trois pieds du faîte du Colombier; on couvrira le dernier rang d'une planche large d'un pied, mise en pente, de peur que les rats n'y descendent de la couverture. Les nids seront disposés en échiquier : des gens attentifs mettent au devant de chacun d'eux une petite pierre platte qui excède la muraille de trois ou quatre doigts, pour reposer les Pigeons lorsqu'ils entrent, ou sortent de leurs nids; ou bien lorsque le mauvais tems les oblige de garder le Colombier.

La plûpart des Auteurs qui ont traité des Pigeons, assurent qu'après quatre ans les Pigeons ne font plus d'aucun profit, & qu'ils deviennent même nuisibles à ceux qui sont plus jeunes : par conséquent lorsqu'un Pigeon aura quatre ans, il ne sera plus bon qu'à détruire; mais la difficulté est de le connoître entre les autres : il y a néanmoins un moyen très-sûr, & le voici.

Quand on commence à garnir un Colombier pour la première fois, on coupe à chaque Pigeon qu'on y met, avec des ciseaux, seulement l'extrémité d'un ongle, & on marque le temps auquel on le fait : l'année suivante à pareil temps, quand les Pigeons sont tous rentrés dans le Colombier, deux hommes, après que tout a été fermé & qu'on n'y voit plus, entrent sans bruit avec une lanterne sourde, qui ne donne de la lueur qu'autant qu'il en faut pour visiter un nid ; l'un de ces hommes tient la lanterne pour éclairer, & l'autre prend généralement tous les Pigeons dans leurs nids, sans en oublier aucun, & leur coupe à chacun une seconde fois l'extrémité d'un ongle à un autre pied, & ainsi successivement tous les ans, jusqu'à ce qu'on les ait marqués quatre fois. Il n'y a nullement à craindre que cette visite épouvante les Pigeons; la quatrième année passée, on entre dans le Colombier de la même manière qu'on a dit, excepté qu'on porte avec soi deux cages suffisamment grandes pour pouvoir contenir tous les Pigeons de ce Colombier: on met dans l'une tous ceux qui ont été marqués pour les envoyer au marché, ou à la cuisine, & dans l'autre, ceux qu'on connoît par les marques n'avoir pas encore atteint l'âge de quatre ans: on lâche ceux-ci dans le Colombier, comme étant encore bons; cette opération paroît d'abord difficile au premier coup d'œil, mais quand on l'aura une fois pratiquée une première année, on s'en acquitte avec plaisir, & toujours de plus en plus, sur-tout lorsqu'avec le temps on s'apperçoit des grands avantages qui en reviennent pour le Colombier.

Il est inutile de prévenir ici qu'il faudra donner de la nourriture aux Pigeons, lorsqu'ils ne trouveront plus rien à la campagne, c'est-à-dire, depuis la mi-Novembre, que les grains se trouvent tous semés ; on recommencera par la même raison au mois d'Avril, après qu'on a fini la semaille de Mars.

On donnera pour nourriture ordinaire aux Pigeons des criblures de bled, d'orge & d'avoine: ils aiment aussi l'ivraie, le bled-de-Turquie & sur tout la vesce: cette dernière nourriture est à meilleur marché, aussi c'est celle qu'on donne par préférence : on se garde bien de leur donner du millet, ce seroit une mauvaise économie; les Pigeons se jettent aussi avec avidité sur le chénevis; rien n'est plus propre pour les fixer au Colombier, que de leur en jeter ; pendant les grandes gelées on jette aux Pigeons des pepins de raisins, qui ont été criblés ; on dit que cela les empêche de pondre pendant ce temps, & c'est précisément celui où tous les œufs seroient perdus, & les petits qui par hasard en pourroient provenir, seroient en danger de périr ; ces pepins ne laissent pas néanmoins de les substenter : par conséquent, plus tard on leur en donnera, plus tard ils feront des œufs : celui qui gouverne les Colombiers doit agir en cela prudemment, de même que pour tout le reste : on jettera aux Pigeons leur nourriture dans un endroit uni & propre, & on les sifflera au moment qu'on leur en donnera pour les appeller : on leur présente à manger deux fois le jour, le matin & le soir. Quand il y a des œufs dans le Colombier, si c'est dans le tems qu'on nourrit les Pigeons, on se gardera bien de répandre tout le grain dès le matin, & la raison, c'est que les femelles se tiennent sur leurs œufs jusqu'à onze heures, & n'en sortent que pour y rentrer vers les deux heures : il faut leur réserver de la nourriture pendant cet intervalle ; au reste on sera très-exact à ce que la nourriture ne manque point aux Pigeons, autrement ils déserteroient du Colombier : il est encore à propos de ne pas toujours donner à ses Pigeons la nourriture à la même heure, les Pigeons voisins ne manqueroient pas de la leur venir dérober ; il faut donc la leur donner, tantôt plutôt, tantôt plus tard.

 Les Livres qui traitent de l'Économie Champêtre, sont pleins de différentes recettes pour empêcher les Pigeons de quitter leurs Colombiers : nous en allons rapporter ici quelques-unes. 1°. On prend

des Oiseaux de Basse-Cour. 429
la tête & les pieds d'un mouton, on les met bouillir ensemble, jusqu'à ce que les os se séparent de la chair, puis on les fait encore bouillir dans le même bouillon jusqu'à ce qu'elle soit toute consommée; on broie dans cette décoction fort épaisse de la terre à Potier, dont on aura ôté toutes les pierres; on y met force sel, de l'urine, des vernis, du fumier, du chenevis & du bled; on paitrit le tout ensemble & on le réduit en une pâte; on en fait des petits pains de la grosseur des deux poings, on les fait sécher au Soleil, ou au four, & on prendra garde de ne point les laisser brûler; lorsque ces pains sont cuits, on les place en divers endroits du Colombier: on ne les y a pas plutôt mis, que les Pigeons s'amusent à les becqueter, & y trouvent une saveur qui leur plait: ils s'y attachent tellement que ce n'est qu'avec regret qu'ils sortent du Colombier.

2°. Il y en a qui se servent d'une tête de chèvre, ils la font bouillir dans l'eau avec du sel, du cumin, du chenevis & de l'urine; ils l'exposent ensuite dans le Colombier pour servir d'amusement aux Pigeons.

3°. Quelques-uns font cuire du millet dans du miel, & ils y mettent un peu d'eau pour l'empêcher de brûler; c'est, dit-on, un appât qui fait prendre à ces oiseaux tant d'affection pour leur habitation ordinaire, que bien loin de l'abandonner, ils y attirent encore des Pigeons étrangers.

4°. On prétend aussi que si l'on frotte les portes & les fenêtres d'un Colombier avec de l'huile de baume, c'est un moyen de les y retenir.

5°. Plusieurs personnes font tremper du cumin & des lentilles dans l'hidromel, ils en donnent à manger aux Pigeons dans leurs

Colombiers : c'est, suivant ces personnes, le vrai moyen de faire affectionner aux Pigeons leur demeure.

6°. D'autres personnes prennent tout simplement de la farine d'orge avec du miel à égale portion : ils en font un mélange qu'ils donnent à manger aux Pigeons.

7°. Au sortir du Colombier il faut d'abord leur jeter du cumin : on assure que non seulement cette nourriture les empêche de sortir, mais encore qu'en les frottant de quelqu'odeur agréable, cela leur en fait amener d'autres avec eux.

8°. Il se trouve des personnes qui après avoir broyé de la brique, la passent au gros tamis, & y mêlent de l'huile appelée *Pirrette* : elles détrempent le tout avec du vin vieux, rendu odoriférant par le moyen de quelques drogues ; on donne de cette mangeaille aux Pigeons dans le temps qu'on les laisse sortir pour aller aux champs.

9°. On assaisonne encore de l'argile avec du sel, ou bien on prend la liqueur qui dégoutte des fromages salés, & qu'on met affiner, on place l'un ou l'autre dans le Colombier ; tout le monde sait que les Pigeons aiment le sel ; aussi y met-on ordinairement une pierre de sel.

10°. Prenez un demi-boisseau de balayures de grenier à sel, six livres de miel, quatorze onces de cumin en poudre, un picotin d'avoine, une livre de froment & un demi-quart de sénevé ; mêlez le tout dans un grand vaisseau, pour le paitrir : mettez-le cuire au four d'un Boulanger deux journées de suite, laissez-le refroidir, il deviendra en masse dure comme de la pierre, vous le mettrez pour lors dans le Colombier.

11°. Dans les pays où le millet d'Inde est commun, on en fait cuire

des Oiseaux de Basse-Cour. 433
cuire dans de l'eau, puis on le met sécher à l'air & cuire encore avec du miel; cela fait, on en frotte les nids du Colombier, sur-tout aux endroits où les Pigeons peuvent se barbouiller les pieds, ou les ailes: on assure que ce secret est singulièrement bon, non seulement pour attacher les Pigeons à leur Colombier, mais encore pour y en attirer d'autres.

12°. Mettez du froment dans l'eau, où aura bouilli l'anis, laissez-le macérer pendant trois jours, donnez-en à manger ensuite aux Pigeons dans le Colombier.

13°. Les haricots bouillis dans l'eau, macérés ensuite dans du miel & saupoudrés de cumin, passent pour avoir une semblable propriété.

14°. Ayez une once de vieille argille, cuite dans un four jusqu'à ce qu'elle soit devenue toute rouge, quatre gros de verveine femelle, autant de froment macéré dans du vin & bien broyé, un demi-gros de camphre, trois gros de cumin & une demi-once d'eau-de-vie; mêlez le tout avec du miel, détrempez-le bien, & faites-en une espèce de pâte, vous la couperez par morceaux comme de gros pois, & vous en donnerez aux Pigeons.

15°. Les anciens vantoient beaucoup pour les Pigeons une plante qu'ils nommoient *Peristeron*, mais on ne peut encore déterminer quelle est cette plante.

Tels sont la plupart des secrets qu'on trouve dans les Auteurs pour attirer les Pigeons dans les Colombiers; une bourse de fourmis rouges, jetée dans le Colombier produit, à ce qu'on prétend, l'effet contraire: elle en chasse les Pigeons. Il y a des paysans qui, pour faire mourir ces oiseaux, leur jettent du froment trempé dans du fiel de bœuf; on ne connoît point encore de remèdes contre cette espèce de poison; il seroit à souhaiter qu'on en eût.

Rien n'est plus important pour les Pigeons que la propreté, sans quoi ils deviennent galeux & pleins de poux; on nettoyera donc bien le Colombier tous les mois: on remuera le plus doucement qu'il sera possible le fumier qu'on en ôtera, de peur que la poussière ne vole en trop grande quantité sur les œufs qui sont dans les nids, & on fera cette besogne le plus vîte qu'on pourra, de peur que les œufs ne se refroidissent trop, les Pigeons étant obligés de sortir du Colombier pour qu'on le nettoye: on ôtera aussi toutes les ordures qui peuvent se trouver dans les nids, lorsqu'on en ôtera les Pigeonneaux; on jettera pareillement dehors tous les Pigeons morts, ou languissans, de peur qu'il ne s'y engendre une puanteur capable d'infecter tout le reste : quand on trouvera des Pigeonneaux tombés de leurs nids, on les ramassera pour les y mettre, sans en espérer néanmoins une bonne issue, d'autant que les Pigeons abandonnent presque toujours leurs petits lorsqu'on les a maniés ; on se gardera par conséquent de les aller toucher, lorsqu'ils sont dans leurs nids.

On parfumera souvent le Colombier, rien n'est meilleur pour les Pigeons ; le parfum qu'on y brûlera, sera composé d'encens, de benjoin, ou de styrax, ou bien on y fait brûler des herbes odoriférantes, telles que le thim, de la lavande, du rosmarin, & même quelquefois du bois de genièvre.

Tout ce que nous venons de dire regarde les Pigeons-Fuyards, ou de Colombier : nous allons actuellement parler des Pigeons-Pattus, ou de ceux qu'on élève dans

des Oiseaux de Basse-Cour.

les volières. Quand dans les volières il se trouve des boulins depuis la base jusqu'en haut, elles se nomment *Volières à pied*, & elles ne diffèrent point dans ce cas des Colombiers: les plumes qui couvrent les jambes des Pigeons-Pattus & qui descendent jusques sur les pieds, leur sont préjudiciables; lorsqu'ils reviennent au Colombier avec des plumes chargées de boue & toutes pleines d'eau, ils se mettent sur leurs œufs, ils les réfroidissent, ou ils les jettent hors de leurs nids, ce qui rend la ponte inutile; pour obvier à ces inconvéniens, on rogne avec des ciseaux les plumes des pattes.

On logera les Pigeons-Pattus dans une volière, où le chaud & le froid ne se fassent pas trop sentir, qui soit éclairée, & qui reçoive le jour du côté du Levant, ou du Midi. Comme les Pigeons-Pattus ne s'écartent que très-rarement, ils s'écarteront encore moins, si on les nourrit bien & ils rendront par-là davantage : on ne les laissera point, pendant qu'ils couvent, sans eau dans leur volière : on aura soin de la renouveler, tant à cause du froid qui la pourroit glacer, que des ordures qui la rendroient infecte, ou qui pourroient autrement la gâter, ou incommoder les Pigeons. On balayera la volière, on en nettoyera les nids & on la parfumera de temps en temps.

Quand on veut avoir des Pigeonneaux en hiver, on les tient dans un lieu chaud, & à un air tempéré, on ne leur laisse pas manquer de nourriture, telle que de l'avoine, de la vesce & souvent du chenevis afin de les échauffer ; & on a soin de tenir auprès d'eux de l'eau claire, qu'on visite journellement de peur qu'elle ne gèle : pour avoir des Pigeonneaux de bonne heure, on conseille encore de donner des lentilles cuites dans du gros vin, & de leur jeter de temps en temps un peu de chenevis.

Si on desire des Pigeons-Pattus extrêmement gras, propres à être servis sur les tables les plus délicates, comme un mets exquis, il ne faut pas attendre qu'ils puissent voler, mais seulement qu'ils soient un peu forts; on leur arrache à cet effet les plus grosses plumes des ailes, pour les obliger de ne point quitter le nid, ou bien on leur attache les pieds; quelques-uns même leur brisent les os des jambes: par ce moyen on les voit engraisser à vue d'œil & en peu de temps; la nourriture que ces petits animaux prennent alors, n'étant pas dissipée, se convertit en graisse.

Pour avoir des Pigeons excellens pour produire, il faut en

choisir qui aient l'air vif & plein de feu, la tête haute & la démarche fière : les mâles doivent être gros & forts, & avoir le vol roide, ce qui est facile à connoître en étendant leurs ailes, ou en les agitant : car s'ils les retirent avec roideur, c'est une marque qu'ils sont forts & vigoureux ; au contraire, s'ils sont lents à les retirer, c'est signe qu'ils sont foibles & d'un tempérament trop délicat ; il faut aussi prendre garde que les Pigeons qu'on choisit soient en bons corps : s'ils étoient maigres, ils n'apporteroient aucun profit.

Quand on aura choisi ses Pigeons, on les appariera avant de les mettre dans la volière : on les séparera pour cet effet par paires, & on enfermera ainsi chaque paire dans des endroits particuliers, on les y laissera douze ou quinze jours, ayant soin d'ailleurs de les bien nourrir, & de mêler un peu de chenevis parmi leur mangeaille pour les échauffer; il faut auſſi avoir grand ſoin de changer ſouvent leur eau, qui doit être belle & claire, & de les tenir proprement: quand on les aura mis dans la volière, on les ſoignera bien, & pour empêcher que la mangeaille ne ſe perde dans les ordures, on pourra la mettre dans une trémie longue & pyramidale, afin qu'elle ne tombe dans l'auge qu'à meſure que les Pigeons la mangent: il faut avoir ſoin de mettre de la paille dans un coin de la volière pour faire les nids des Pigeons, particulièrement ſi elle ne ſe trouve pas placée dans une baſſe-cour, ou autre lieu qui puiſſe leur en fournir.

L'incubation des Pigeons eſt de quinze jours complets; quand ils ſont une fois éclos, ils ne mangent rien devant trois ou quatre jours: il ſuffit ſeulement qu'ils soient tenus chaudement : la femelle se charge seule de les couver pendant ce temps-là sans sortir du nid, si ce n'est pour quelques momens qu'elle va prendre un peu de nourriture ; après quoi ils les nourrissent durant une huitaine de jours d'alimens à demi digérés, comme de la bouillie, qu'ils leur soufflent, ou dégorgent une, deux ou trois fois par jour suivant le besoin ; ensorte que le mâle souffle communément la petite femelle & la femelle le petit mâle : peu-à-peu ils leur donnent une nourriture plus solide à proportion de leurs forces. L'esophage du Pigeon est construit de façon à pouvoir dégorger la nourriture à ses petits ; & en effet, on remarque par la dissection, qu'il est capable d'une dilatation plus grande que celui des autres oiseaux, & qu'en soufflant dans l'apre-artère de celui ci, on fait enfler son jabot, sans qu'on sache par quels conduits l'air y peut entrer : cette dilatation de l'éſophage eſt abſolument néceſſaire, car ſi la nourriture s'y trouvoit ſerrée & comprimée, elle s'y digéreroit & s'y altéreroit du moins conſidérablement, avant que l'oiſeau fut arrivé à ſon nid ; car le mouvement de compreſſion eſt une des principales cauſes de la digeſtion ; mais la dilatation de l'éſophage & l'air dont le jabot s'enfle, mettent en ſûreté ce qui y eſt en réſerve.

Si l'on en croit Aldrovande, les jeunes Pigeons ne s'accouplent jamais avec leurs femelles ſans la baiſer auparavant, mais les vieux ne baiſent la leur, que la première fois. Quand la femelle s'eſt laiſſée cocher par un mâle étranger, le ſien ſe dépite, & n'en faiſant aucun cas, il ne la veut plus voir, ou s'il en approche c'eſt pour la châtier ; on a vu deux mâles mécontens reſpectivement de leurs femelles, faire entr'eux un échange, & vivre ensuite en bonne intelligence dans leur nouveau ménage.

Chaque ponte est de deux œufs tout blancs, dont l'un produit un mâle & l'autre une femelle, quelquefois aussi il en naît deux mâles, ou deux femelles ; pour pondre chaque œuf il faut un nouvel accouplement : la femelle pond le plus souvent l'après-midi ; les bons Pigeons de volières font douze couvées par an, quelquefois treize. Ils ont toujours à la fois des œufs & des petits pour ne point perdre de temps, & quand les petits sont en état de voler, le père les chasse du nid & les oblige d'aller chercher leur vie.

Le sexe se connoît très-aisément par la voix, sur-tout dans les Pigeons-Domestiques, car les femelles ont la voix fort grêle, & les mâles beaucoup plus grave.

Aristote, & après lui Pline &

Athenée, disent, que le propre des Pigeons est de ne point renverser le cou quand ils boivent, mais de boire largement, comme font les bêtes de charge.

Quoique nous ayons dit plus haut qu'il ne faut conserver que quatre ans les Pigeons dans les Colombiers pour en tirer bon profit, ce n'est pas à dire pour cela qu'ils ne vivent très-long-temps : Albert-le-Grand fixe le terme de leur vie à vingt ans, & pour ce qui concerne les Pigeons-Domestiques, un homme digne de foi, dit Aldrovande, m'a rapporté avoir ouï dire à son père, qui étoit fort curieux en Pigeons & autres oiseaux, qu'il avoit gardé vingt-deux ans un Pigeon, & ce Pigeon avoit toujours continué à propager, excepté les six derniers mois qu'il quitta la femelle, pour choisir une vie célibataire. Aristote leur donne quarante ans de vie.

Les Pigeons aiment à se baigner & à se rouler dans la poussière, pour se délivrer des puces & des poux, qui les incommodent; ils volent très-rapidement, sur-tout lorsqu'ils se sentent poursuivis par l'Epervier, par le Milan, ou par quelqu'autre oiseau de proie: outre le vol, ils ont la vue & l'ouïe excellentes; ce sont les seules armes que la nature leur ait données pour se défendre: ils sympathisent avec l'homme & avec la volaille, mais non pas avec la Cresserelle ; ils tremblent à l'aspect de cet oiseau de rapine, sachant qu'il ne les épargne pas quand il peut les attraper.

C'est un proverbe que les Pigeons n'ont point de fiel, mais le proverbe est faux, tant moralement, que physiquement ; ils sont colères & se battent souvent jusqu'à la mort : & Galien se mocque avec raison de ceux qui prétendent que ces oiseaux n'ont point de vésicule de fiel.

Avant de finir le Chapitre des Pigeons, il est à propos, pour ne rien laisser à desirer à leur sujet, de rapporter la manière dont se fait la chasse des Pigeons Sauvages, ou Bisets : on va à cet effet dans une forêt de chênes, ou de frênes, pendant la nuit, on porte des torches de paille allumées & des instrumens d'airain, dont le bruit épouvante ces oiseaux ; comme ils n'osent remuer dans cet état, on en fait une chasse abondante.

Une autre méthode encore plus sûre & plus lucrative pour les attraper, est de tendre un grand filet, de l'attacher à des perches, de façon qu'en tombant, le haut avance plus que le bas, & couvre tout ce qui se rencontre sous le filet ; on élève à quelques distances trois perches fort longues & disposées en triangle, au sommet desquelles est un petit siège, où un homme peut s'asseoir : deux personnes sont nécessaires à cette chasse; l'un se tient derrière le filet pour le faire tomber à propos, l'autre monte dans la machine par le moyen d'une échelle de corde, s'arme d'un arc & de plusieurs flêches garnies de plumes de la queue d'un oiseau de proie, & dès qu'il apperçoit des Pigeons Sauvages, il tire ses flêches en l'air; les Pigeons s'imaginant voir des oiseaux de proie, s'abattent au pied du filet, qui tombe sur eux & les enveloppe.

Le Pigeon est d'un grand usage parmi les alimens, sur tout quand il est jeune: sa chair est pour lors tendre, succulente, facile à digérer & nourrit beaucoup; à mesure qu'il avance en âge, elle devient plus sèche, plus massive, & d'une digestion plus difficile: elle est même plus propre à produire des humeurs grossières & mélancoliques c'est apparemment pour cette raison que plusieurs Auteurs ont condamné

des Oiseaux de Basse-Cour. 449

l'usage du Pigeon, le regardant comme peu salutaire; on ne peut pas néanmoins refuser aux Pigeonneaux, sur-tout à ceux de volière, d'être un très-bon manger & qui se digère facilement : ils conviennent à tout âge, à tout tempérament & à tout sexe; cependant comme leur chair resserre un peu le ventre, les personnes mélancoliques & bilieuses doivent en user plus sobrement que les autres.

Le Pigeon a ses usages dans la médecine; on l'employe non-seulement en entier, mais encore en partie, c'est-à-dire, son sang & sa fiente; on ouvre par le dos dans sa longueur un Pigeon vivant, & on l'applique tout chaud sur la tête dans l'apoplexie, la léthargie, la pleurésie & les fièvres malignes; on l'applique encore à la plante des pieds, quand la fièvre est jointe à la pleurésie, pour faire une révulsion de l'humeur qui attaque le cerveau. MM. Arnault de Nobleville & Salerne assurent en avoir vu de très-bons effets dans ce cas, de même que quand il est mis sur le côté douloureux dans la pleurésie. Il agit, disent ces Médecins, dans toutes ces occasions en ouvrant les pores de la peau par ses parties volatiles, ce qui augmente la transpiration, & donne issue aux humeurs arrêtées dans l'endroit affecté ; de plus, en atténuant ces humeurs, & en les discutant, il les fait rentrer dans le torrent de la circulation, & dégage par-là la partie embarrassée ; les modernes négligent cependant ce remède, quoiqu'il réussisse quelquefois mieux que d'autres plus vantés.

Le sang du Pigeon récemment tiré est fort en usage pour adoucir l'âcreté des yeux, & pour guérir les plaies nouvellement faites ; on préfere celui du Pigeon mâle qui a été tiré du dessous de l'aile, comme le plus spiritueux. Quelques Auteurs recommandent la tunique interne du gésier desséchée & pulvérisée contre la dysenterie.

La fiente de cet oiseau contient beaucoup de nitre & de sel ammoniacal ; aussi est-elle chaude, discussive & résolutive ; elle passe par les urines, & convient aux hydropiques, & aux graveleux ; la méthode pour en faire usage contre ces maladies, est de la calciner & d'en faire ensuite une lessive avec de l'eau simple, pour servir de boisson ordinaire ; quelques-uns y ajoutent des cendres de sarment & de genêt pour la rendre plus efficace ; on la donne aussi en substance dans les autres maladies, la dose en est d'un à deux scrupules, on en fait un bol avec quelque sirop, ou bien on fait infuser cette poudre pendant la nuit dans un petit verre de bon vin ; on passe le tout le lendemain par un linge sans expression, & l'on donne la colature au malade.

La fiente de Pigeon s'employe encore à l'extérieur; comme elle est très-chaude à cause du sel ammoniacal & nitreux, dont elle abonde, elle brûle & ronge la peau, si on la laisse dessus un certain temps; aussi l'emploie-t-on dans les emplâtres & les cataplasmes caustiques & rubefians; on la pile, on la tamise, & on la mêle ensuite avec de la semence de cresson, ou de moutarde, pour appliquer dans les maladies chroniques, telle que la goutte froide, la migraine, le vertigo & les douleurs de côté, du col, des lombes, enfin dans tous les cas où les véficatoires conviennent, & où l'on veut les adoucir, pour ménager la sensibilité du malade. Ettmuller observe que cette même fiente guérit les écrouelles, appliquée dessus avec un mélange de farine d'orge & de vinaigre, & que mêlée avec l'huile & le vinaigre, elle dissipe promptement les tumeurs noueuses & œdémateuses qui se forment quelquefois dans les articulations. Nous allons rapporter ici quelques formules où entre cette fiente.

1°. Prenez de la fiente de Pigeon calcinée un gros, du saffran pulvérisé douze grains, mêlez le tout avec un peu de sirop des cinq racines apéritives pour former un bol diurétique à prendre dans du pain à chanter.

2°. Prenez de la fiente de Pigeon & de la semence d'anis, de chacune quatre onces ; de l'écorce récente d'orange, deux onces ; versez sur le tout du bon vin de Bourgogne, quatre livres, & laissez ensuite macerer pendant vingt-quatre heures ; puis distillez au bainmarie les deux tiers de la liqueur, que vous garderez dans des boureilles pour l'usage. Cette liqueur est très-recommandée pour pousser les urines, pour nettoyer les reins des glaires, & des graviers, & contre la colique.

3°. Prenez de la fiente de Pigeon pulvérisée, quatre onces; du saffran une demi once; du mithridate, de la thériaque & de la semence de moutarde, de chacune une once; mêlez le tout, & ajoutez-y une suffisante quantité de térébenthine, pour faire un cataplasme anti-pestilentiel, propre à appliquer sur les bubons & les amener à maturité.

4°. Prenez de la racine de raifort sauvage, de l'ail, des sommités de rhue, & de la fiente de Pigeon, de chacune une once; pilez le tout dans un mortier, en l'arrosant de vinaigre; ajoutez-y sur la fin de bonne moutarde à manger, trois onces, faites du tout un cataplasme contre la goutte remontée, qu'on appliquera sur la plante des pieds,

& qu'on renouvellera, lorsqu'il sera sec.

Selon Crescentiensis, la fiente de Pigeon est très-bonne pour les plantes & pour les semences, on peut la répandre sur la terre, toutes les fois qu'on seme quelques grains, conjointement avec la semence, & même après, en toute saison; & chaque hottée équivaut à une charettée de fumier de mouton; aussi nos Laboureurs répandent-ils sur les champs du fumier de Pigeon, soit avec la semence même, soit séparément.

Nous nous sommes servis plusieurs fois avec avantage pour arroser les orangers de l'eau dans laquelle nous faisions délayer de la lie, de la fiente de mouton, de *Pigeon*, des excrémens humains, & des fonds de tonne d'huile d'olive; l'eau imprégnée des sucs de toutes ces substances, donnoit une vigueur admirable à l'arbre.

F I N.

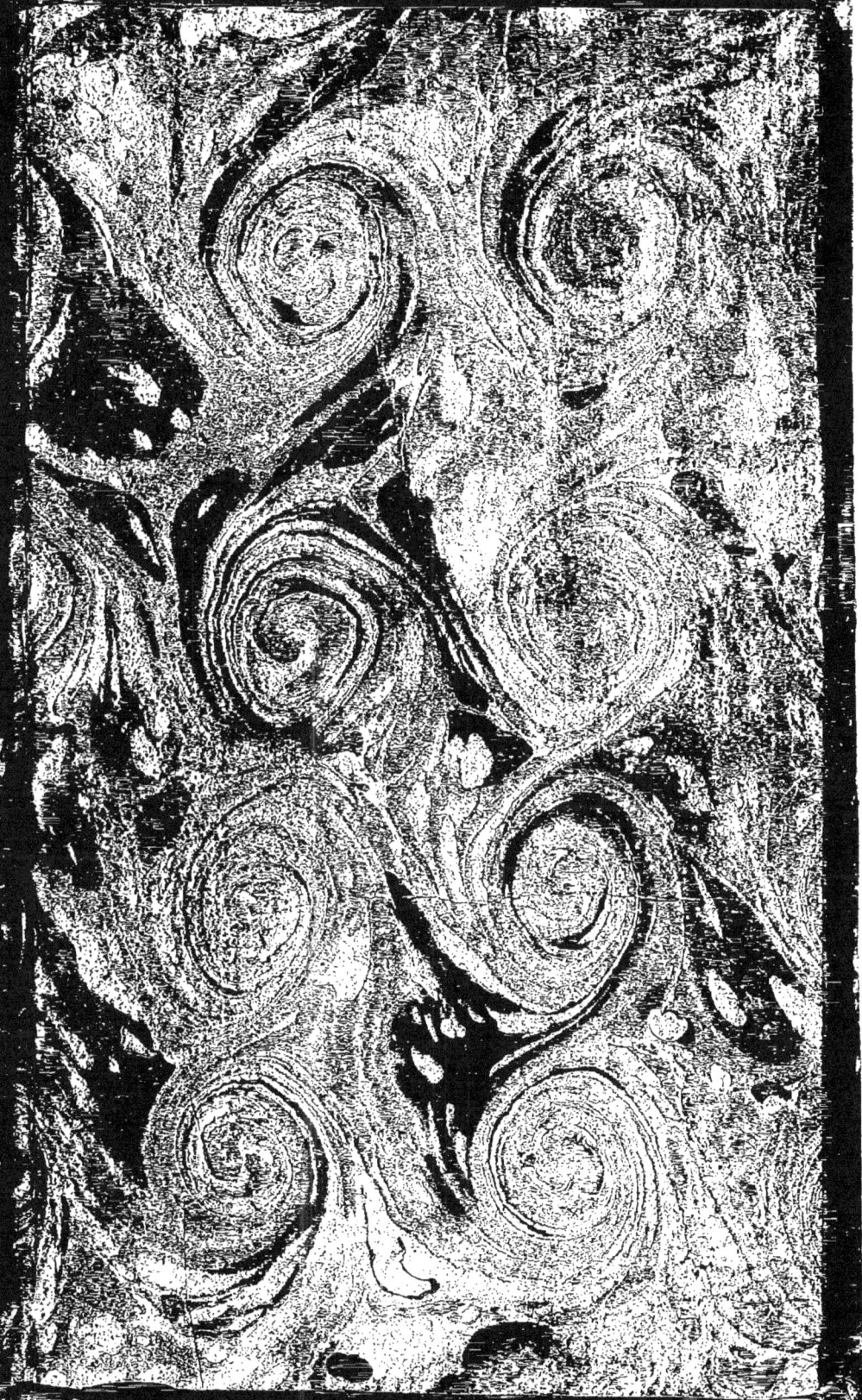